DIE WUNDERBARE WELT DER BÄUME

DIE WUNDERBARE WELT DER BÄUME

WISSEN, LEGENDEN UND GEHEIMNISSE

SUSAN TYLER HITCHCOCK

NATIONAL GEOGRAPHIC

Inhalt

GEGENÜBER: Die verschlungenen Äste eines Japanischen Ahorns tragen eine Krone in leuchtendem Rot.

VORHERGEHENDE DOPPELSEITE: Nebel wabert durch einen Wald im spanischen Baskenland.

VORWORT

Den Wald vor lauter Bäumen sehen!

Willkommen in der Welt der Wälder. In diesem aufschlussreichen Buch zeigt uns Susan Tyler Hitchcock, dass ein Wald weit mehr ist als eine Ansammlung von Bäumen. In kraftvoller, poetischer Prosa erweckt die Autorin den Wald zum Leben – und lädt uns ein, mit dabei zu sein. Beim Eintauchen in dieses Buch erleben wir, dass der Wald nicht nur eine grüne Leinwand aus Bäumen und Pflanzen ist, sondern ein komplexes System, zu dem auch Säugetiere, Vögel, Amphibien, Pilze und Mikroben gehören. All diese Geschöpfe wirken zusammen, um den Wald zu einem Ganzen zu machen und uns saubere Luft, kühles Wasser, gesunde Nahrung, heilsame Medizin und einen Ort der Ruhe schenken. Unsere Gesundheit und unsere Welt sind abhängig vom Wald.

Mehr als 99 Prozent der Biomasse aller Lebewesen auf der Erde entfallen auf Bäume und Pflanzen, der Anteil der Gattung Mensch, zusammen mit allen anderen Tieren, macht den verbleibenden kleinen Rest aus. Was diese Biomasse zu leisten imstande ist, ist gigantisch. Wissenschaftler haben herausgefunden, dass Wälder, obwohl sie nur 31 Prozent der terrestrischen Ökosysteme ausmachen, mehr als 80 Prozent des terrestrischen Kohlenstoffes speichern, den größten Anteil an sauberem Trinkwasser liefern sowie drei Viertel aller landlebenden Arten der Welt beheimaten, darunter viele seltene und gefährdete. Wälder beeinflussen auch unser Klima, indem sie Schatten spenden und die Temperatur re-

Eichen und Moos beleben Wistman's Wood in Dartmoor, Großbritannien.

gulieren, Wolken bilden, den Boden feucht halten und 20 Prozent aller Treibhausgasemissionen absorbieren. Wälder versorgen uns auch mit den Rohstoffen, die wir brauchen, um uns zu ernähren, zu kleiden, Wohnraum zu bauen und Güter herzustellen. Wälder sind zudem eine Oase der Inspiration, eine Wohltat für die Seele – so wie auch dieses Buch.

Susan Tyler Hitchcock erkundet die komplexe und beständige Beziehung zwischen Mensch und Wald. Sie nimmt uns mit an die Westküste Nordamerikas, wo indigene Ureinwohner den Lebensbaum verehren; nach Kambodscha, wo Anbetungsgesänge durch den von Feigen- und Ceiba-Bäumen überwucherten »Dschungeltempel« Ta Prohm hallen; nach Westafrika, wo neue urbane Strukturen rund um einen zentralen Schattenbaum entstehen; nach Indien, wo Einheimische aus den verschlungenen Luftwurzeln des Gummibaumes »lebende Brücken« über Flüsse und Bäche bauen. All diese Geschichten illustrieren, wie sehr das Leben der Menschen mit dem der Wälder verwoben und verflochten ist.

Heute jedoch leiden unsere Wälder – die Lebensadern unseres Planeten – unter der Last des globalen Wandels. Während mittlerweile mehr als acht Milliarden Menschen auf der Erde leben, verursachen wir eine Vielzahl öko-soziologischer Krisen. Unsere Verehrung für Wald und Natur ist tief in unserer Psyche verankert, zugleich sind wir aber für die Zerstörung der Primärwälder verantwortlich.

Die Schäden sind heute schon immens. Der größte Teil der weltweiten Entwaldung findet in den Tropen statt, aber auch die Wälder der gemäßigten Breiten und der borealen Zonen werden in rasantem Tempo abgeholzt; Savannen und Buschland sind ebenfalls bedroht. Uralte Primärwälder, entstanden durch natürliche Sukzession und weitgehend unberührt von menschlicher Einflussnahme, sind auf einen Bruchteil ihrer einstigen Größe geschrumpft.

Vor 10 000 Jahren, gegen Ende der letzten Eiszeit, war etwas mehr als die Hälfte der bewohnbaren terrestrischen Ökosysteme mit Wald bedeckt. In den letzten fünf Jahrtausenden aber haben wir ein Drittel der Wälder der Erde verloren – und mehr als die Hälfte dieses Drittels allein im letzten Jahrhundert. Diese Abholzung ist auf die Land- und Forstwirtschaft, die industrielle Entwicklung, das Transportwesen, die Erschließung neuer Siedlungsräume sowie auf die Urbanisierung zurückzuführen. Seit wir Menschen begonnen haben, Wälder abzuholzen, haben wir knapp die Hälfte aller ursprünglich vorhandenen Bäume auf der Welt verloren – sei es durch Fällungen in Feuchtgebieten, durch Verarbeitung zu kurzlebigen Papierwaren oder zu Tropenholz-Möbeln, die zu Schleuderpreisen an reiche Industrienationen verkauft wurden. Ihr Schicksal beleuchtet dieses Buch.

Wälder weltweit sind bedroht, und die Folgen sind gravierend. Abholzungen sind die Hauptursache für das Artensterben und befördern das, was Wissenschaftler als das sechste Massenaussterben auf der Erde bezeichnen. Kahlschläge und die intensive Auflichtung einst geschlossener Kronendächer zerstören die Habitate unzähliger waldabhängiger Arten und führen zu Temperatur- und Niederschlagsextremen, was Pflanzen und Tiere zusätzlich bedroht. Ob die Bergkaribus in Kanada, die Kolibris in den Mangroven-Wäldern Panamas oder die Tiger auf Sumatra – sie alle sind durch fortgesetzte Abholzungen vom Aussterben bedroht. Großflächige Kahlschläge stören auch Wasserkreisläufe. Wir erleben beispielsweise lokale Überschwemmungen in Kanada durch den Verlust von Waldgebieten am Oberlauf eines Flusses, die Austrocknung von Ackerland in Brasilien durch Verluste im Amazonas-Regenwald oder Bodenerosion in den Vereinigten Staaten durch die kumulativen Folgen von Waldrodungen und Wildfeuer.

Im Hinblick auf den Klimawandel sind Abholzungen in doppelter Hinsicht ein Problem: Sie bewirken erstens, dass erhebliche Mengen an Kohlendioxid (CO_2) in die Luft gelangen, da Bäume als kurzlebige Produkte »verheizt« werden. Zweitens hat das nackte Land zugleich keine Fähigkeit mehr, in der Luft vorhandenes CO_2 wieder aufzunehmen. Schätzungen zufolge werden jährlich zwischen zehn und 20 Prozent der Treibhausgasemissionen direkt aus Abholzung verursacht. Und diese Emissionen könnten weiter zunehmen, da Waldbrände immer größere Teile der weltweiten Wälder vernichten, die durch falsche Brandschutzmaßnahmen sogar noch feueranfälliger werden. Diese Belastungen haben in den vergangenen

Jahren dazu geführt, dass sich die Wälder der nördlichen, gemäßigten und tropischen Zonen von Netto-Senken für Treibhausgase zu Netto-Quellen entwickelt haben. Der Verlust von Wäldern bedeutet also unmittelbar auch eine Bedrohung für den Menschen.

Doch es ist an uns, das Blatt zu wenden, und es gibt viel, was wir tun können, um unsere Wälder zu schützen. Gewiss, die schrittweise Abkehr von fossilen Energieträgern ist dringend notwendig, um den globalen Klimawandel einzudämmen, doch wir können noch mehr tun. Es geht darum, die Emissionen und den Verlust der biologischen Vielfalt zu verringern, indem wir uns um unsere Wälder kümmern. Glücklicherweise stellt dieses Buch konkrete Maßnahmen vor, die Einzelpersonen, Organisationen oder Regierungen ergreifen können, um Wälder zu schützen und damit unser aller Lebensgrundlage zu erhalten. »Jeder kann seinen Teil beitragen«, sagt Susan Tyler Hitchcock.

Die wichtigste Botschaft dieses Buches lautet: »Geht in den Wald«. Die Autorin betont, dass wir die Komplexität und Vernetzung des Lebens erkennen werden, wenn wir zurückkehren in die Wälder und wieder lernen, sie zutiefst zu ehren. Dies wird uns anregen, nicht mehr zu entnehmen, als wir brauchen, und so unserer Pflicht für einen sorgsamen Umgang mit den Bäumen und Bewohnern des Waldes nachzukommen. Ähnlich der Weisheit, die Urvölker auf der ganzen Welt längst kennen, kommen wir auf den nachfolgenden Seiten nicht umhin zu begreifen, dass »viele Eins sind und dieses Eine viele sind«. Zugleich besteht die dringende Notwendigkeit, sofortige Maßnahmen zu ergreifen, um altbestehende Ökosysteme zu schützen und wiederherzustellen, da sie für die Speicherung von Kohlenstoff, als Lebensraum unzähliger Arten und zur Bewahrung lebenserhaltender ökosystemarer Funktionen und Versorgungen von unverzichtbarem Wert sind. Wir müssen handeln. Jetzt!

Susan Tyler Hitchcock ruft uns außerdem dazu auf, wissenschaftliche Erkenntnisse zu nutzen, um abgeholzte Flächen wieder zu florierenden Waldlandschaften zu machen. Eine Billion Bäume zu pflanzen, sei keine schlechte Idee und durchaus wichtig, sagt sie. Gleichwohl mahnt sie Regierungen und gemeinnützige Organisationen, die diese Idee unterstützen, zu besonderer Umsicht. Mehr Bäume zu pflanzen, sei nicht eine so einfache Lösung, wie es auf den ersten Blick scheinen mag: »Artenselektion, biologische Vielfalt, die Notwendigkeit nachhaltiger Hege und Pflege, dazu die Launen des Wetter – all das stellt uns vor enorme Herausforderungen.«

Um an einer gelingenden Zukunft für unseren Planeten zu arbeiten, braucht es staatliche Regulierung und Kontrolle von Abholzungen durch Forstbetriebe ebenso, wie effektive Bedingungen für den Erwerb von Holzeinschlagskonzessionen, um so die natürlichen Eigenschaften und Funktionen eines Ökosystems schützen zu können. »Die Wiederaufforstung von Bäumen zum Zwecke künftiger Abholzungen kann nur einen Teil dazu beitragen, das natürliche Gleichgewicht wiederherzustellen«, so Susan Tyler Hitchcock. »Regierungen und nichtstaatliche Organisationen haben Standards und Überwachungspraktiken etabliert, um eine Ethik zur Förderung der Umweltverantwortung in der Holzfällindustrie durchzusetzen. Kleine Anmerkung von mir: Diejenigen Unternehmen, die vom Holzeinschlag profitieren und für die Zerstörungen verantwortlich sind, sollten auch die daraus entstehenden Schadenkosten tragen.

Susan Tyler Hitchcock lädt uns dazu ein, in den Wald zu gehen – unser Herz, unseren Geist und unsere Sinne für ihn zu öffnen, um zu begreifen, wie er funktioniert, wie wichtig er für unser Leben ist und wie groß unsere Pflicht, sorgsam mit ihm umzugehen. Sie erinnert uns an unsere tief mit dem Wald verbundene Menschheitsgeschichte, an unsere Verantwortung, die Wälder der Erde zu hegen und zu pflegen. Indem wir lernen, wie wichtig es ist, die Natur um uns herum zu lieben, werden wir unsere Einstellungen, Verhaltensweisen und Handlungen ändern und den kommenden Generationen eine bessere Welt hinterlassen.

Blättern wir also in Ruhe durch dieses Buch, nehmen wir die Weisheit der Bäume in uns auf und erweitern wir unser Blickfeld, auf dass sich unsere Sicht auf die Wälder für immer verändern möge.

SUZANNE SIMARD

Professorin der Forstwissenschaften, University of British Columbia, Vancouver, Kanada

KAPITEL EINS

BAUM

Um den Wald zu verstehen,
müssen wir zuerst den Baum verstehen.

Der Baum des Lebens

Im Mittelpunkt der Welt steht ein Baum. Gewachsen über Jahrtausende hinweg. Mit Wurzeln, die bis tief in den Boden reichen; mit weit ausladenden Zweigen, die bis hoch in den Himmel ragen; mit Blättern, die im Sonnenlicht schimmern; mit Blüten, die ewig blühen. Seinen Samen streut er in alle Winde. Wie die meisten seiner Art lebt dieser Baum bereits viel länger als wir heutigen Erdenbürger, und er wird uns noch lange überdauern.

Der Baum steht im mythologischen Zentrum vieler Schöpfungsgeschichten, die man sich überall auf der Welt erzählt. Im babylonischen Epos *Gilgamesch* wächst, als das Leben beginnt, ein einzelner Baum, der »Huluppu-Baum«, an den Ufern des Euphrat. Die nordische Mythologie verehrt die riesige »Yggdrasil«, die Weltenesche, die mit ihren Wurzeln und Zweigen den ganzen Kosmos zusammenhält. In der alten Hochkultur der Maya verbindet der heilige Baum »La Ceiba« drei Welten: seine tiefreichenden Wurzeln stehen für die Unterwelt, sein Stamm verkörpert den Bereich unseres irdischen Lebens, und seine Zweige bilden die Brücke zum Himmel. In der Māori-Tradition schiebt Tāne, der Gott des Waldes, seine inniglich umschlungenen Eltern Papatūānuku und Ranginui (Erde und Himmel) auseinander, bringt dadurch Licht in das Reich zwischen ihnen und schafft somit Raum für den Menschen sowie die Natur. Und in der Shintō-Religion Japans gelten bestimmte Bäume als Sitz von Geistern und Göttern.

Mittlerweile bestätigt auch die Wissenschaft, was Menschen schon immer intuitiv wussten: Bäume und Wälder haben eine enorm heilsame Wirkung auf unseren

GEGENÜBER: Die »Angel Oak« nahe Charleston im nordamerikanischen South Carolina soll stattliche 500 Jahre alt sein.

VORHERGEHENDE DOPPELSEITE: Glockenblumen und Buchen bilden eine frühlingshafte Kulisse nahe Brüssel in Belgien.

Körper, unseren Geist und unsere Seele. Eine grünere Welt ist eine bessere Welt. In der Natur zu sein, tut uns gut.

Doch unser modernes Leben geht in eine andere Richtung. Weltweit zieht es immer mehr Menschen in die Stadt, dennoch sehnen wir uns nach Erlebnissen in der Natur – sei es eine Waldwanderung, ein Parkspaziergang, der Blick auf einen prächtigen Baum in unserer Nachbarschaft oder eine Grünpflanze im Topf auf der Fensterbank. Seit Jahrtausenden wächst ein Baum im Zentrum unseres Universums und schenkt uns seine Weisheit. Es ist an der Zeit, ihm wieder zuzuhören. ■

OBEN: Könige huldigen dem Baum des Lebens. Das Relief stammt aus einem im 8. Jahrhundert v. Chr. erbauten Palast in der antiken assyrischen Stadt Dur Šarrukin.

RECHTS: Eine prächtige Jacaranda, ursprünglich in Südamerika beheimatet, ziert hier eine australische Viehweide.

Pflanzenblindheit

Wir leben in einer Welt voller Grün. Ringsum Bäume, Wiesen, Kräuter, Gärten. Und doch, so sagen die Botaniker James Wandersee und Elisabeth Schussler, leidet unsere Kultur an »Pflanzenblindheit«, der Unfähigkeit, Pflanzen in ihrem Lebensraum zu schätzen, sowie daran, sie tendenziell weniger wichtig zu nehmen als Tiere. Kinder sind fasziniert von Löwen und Tigern, Schlangen oder Fröschen, und auch viele Erwachsene wünschen sich eine Katze oder einen Hund als Haustier, aber nur wenige von uns wissen die eine Baumart von der anderen zu unterscheiden, von den unzähligen Sträuchern und Bodendeckern gar nicht zu reden. Aber erst wenn Pflanzen um uns herum erblühen – leuchtend gelber Löwenzahn oder prächtige Kirschbäume –, nehmen wir sie bewusst wahr.

Woher kommt aber dieser einseitige kulturell vorgeprägte Blick? Genau das haben sich Wandersee und Schussler gefragt und ausgehend von der Wahrnehmungspsychologie einleuchtende Erklärungen gefunden: Wir sehen Pflanzen als Kulisse, als Rahmen für das Verhalten der Tiere in ihrem Revier, aber auch als einheitlich grüne Wand, aus der sich kein Einzelwesen hervorhebt. In der Sprache der Psychologie haben Pflanzen für uns einen »geringen Signalwert«. Sie bewegen sich nicht, sprechen nicht, fressen nicht, kämpfen nicht, schlafen nicht; sie haben keine Augen, die uns anblicken – alles Gründe, warum wir Tiere interessant finden und Pflanzen eher weniger. Und unser Bildungssystem befördert diese Pflanzenblindheit noch mehr. Kinder lernen nur wenig über Pflanzen, und Botanik wird

Im Blätterdach eines Regenwaldes nahe dem brasilianischen Rio de Janeiro verfängt sich der Blick nach oben in einem Kaleidoskop aus sattem Grün.

»Ziellos umherstreifen, stundenlang, endlos lange, auf Parkbänken sitzen, die geheimnisvolle Welt der Ameisen beobachten oder das Blätterdach der Baumwipfel – ja, das tut uns gut.«

MAYA ANGELOU,
Wouldn't Take Nothing for My Journey Now

an den Universitäten und Hochschulen seltener studiert als Zoologie. Dabei machen Pflanzen aber mehr als die Hälfte der weltweit gefährdeten Arten aus – 16460 von 31030, laut der 2020 erhobenen Zahlen der International Union for Conservation of Nature (IUCN). Weitere 2500 Pflanzenarten gelten als nahezu bedroht. Überall auf der Erde bilden Pflanzen den Grundstoff für die Lebensräume der Tiere. Bäume sprechen zwar nicht unsere Sprache, untereinander aber kommunizieren sie. Unsere »Blindheit« zu überwinden wird unser Leben bereichern. Wir müssen nur lernen, achtsam zu sein. ■

Manchmal versperren uns von Menschenhand geschaffene Bauwerke den freien Blick auf die Natur, darunter so anmutige wie diese geschwungene Holzbogenbrücke zwischen farbenprächtigem Laub.

Geschichte in Ringen

Wenn wir die Ringe im Querschnitt eines Stammes zählen, können wir das Alter eines Baumes bestimmen: ein Ring steht für ein Jahr. Aber welche Prozesse im Inneren des Baumes bringen diese Jahresringe hervor?

Der Baum verteilt seine nährenden Säfte durch feine Kanäle – die Venen und Arterien im Kreislaufsystem eines Baumes – von den Wurzeln bis in die Zweigspitzen und zurück.

Direkt unter der schützenden Rinde liegt das Leitungssystem des Baumes: das Xylem leitet die Säfte aufwärts, das Phloem abwärts. Auf diese Weise wird der Baum versorgt und am Leben erhalten. In Gegenden mit heißen Sommern und eisigen Wintern ändert sich der Saftfluss in Xylem und Phloem je nach Temperatur: satter Fluss im Sommer, wenig bis gar keiner im Winter. Jahr für Jahr wächst der Baum, bildet unmittelbar unter der Rinde neue Ringe aus und sein Stamm wird immer dicker. Wie sich Wachstum und jahreszeitlicher Saftstrom gegenseitig bedingen, zeigt sich in unterschiedlichen Färbungen der Jahresringe, die im Querschnitt eines Baumstammes als konzentrische Kreise sichtbar sind: dicke helle Ringe weisen auf warme sonnige Sommer hin; dunkle, wenig ausgeprägte auf strenge Winter mit kaum Wachstum und trockenen Bedingungen. In jedem Wachstumsjahr legt der Baum hellere und dunklere Schichten an, wobei sein Alter an den dunklen Ringen abgezählt wird. Eine exakte Wissenschaft ist das nicht, aber eine Möglichkeit, die Lebensgeschichte zu lesen, die ein Baum erzählt.

Die Jahresringe im Querschnitt eines Stammes erzählen die Lebensgeschichte eines Baumes.

»Aber ich habe ein Faible für Baumhäuser, die für mich immer eine gewisse Magie mit praktischen Kenntnissen verbinden.«

RICHARD LOUV,
Das letzte Kind im Wald

Da Nachbarbäume demselben Wetter ausgesetzt sind, legen sie ähnliche Ringmuster an – gemeinsame Fingerabdrücke der Zeit quasi. Jahresringe erzählen uns also viel über die Vergangenheit. Dendrologen verfügen heute über spezielle Bohrer, mit denen sie Baumscheiben aus einem Stamm herausschneiden können, ohne ihn massiv zu schädigen. Anhand der Ringmuster in einem verbauten Stück Holz können sie außerdem auch Bauzeiten aufs Jahr genau datieren, so etwa bei dem alten Holzsteg »Sweet Track« in England: Laut Analysen datieren die Jahresringe auf das Jahr 3806 v. Chr., und damit ist der Track sogar noch älter als Stonehenge. ■

Die Jahresringe im Querschnitt einer Lärche zeigen kleine, dicht gedrängte Zellen im Winter und große, weit gereihte im Sommer.

SCHÖPFUNGSMYTHOS DER MĀORI

Alles beginnt in vollkommener Dunkelheit, da Ranginui (Vater Himmel) und Papatūānuku (Mutter Erde) in endloser Vereinigung zusammenliegen – ihre vielen Kinder sind gezwungen, in der beengten Dunkelheit zwischen den Eltern zu leben, und wollen sich aus dieser Finsternis befreien. Ein Bruder schlägt vor, die Eltern zu töten, ein anderer, sie ewiglich vereint zu lassen. Wieder ein anderer, Tāne, legt sich kurzerhand mit dem Rücken auf den Boden, stemmt sich mit den Füßen gegen die vereinten Körper von Rangi und Papa, schiebt und drückt mit aller Kraft, bis er sie schließlich trennen und damit die lichtvolle Welt erschaffen kann, in der wir heute leben. Noch immer wird Tāne als der Gott des Waldes verehrt.

GEGENÜBER: Nahe Rotorua dominieren heimische Baumfarne den neuseeländischen Busch.

FOLGENDE DOPPELSEITE: In Vancouver erstrahlt ein botanischer Garten in einem leuchtend bunten Farbenmeer: Allium und Glockenblumen sprießen unter herabhängenden Blüten des Goldregenstrauches.

Bäume der Superlative

Welcher Baum ist der größte, der höchste, der älteste? Das sind die Masterfragen schlechthin, die alle zu lösen versuchen – Abenteurer, die immer neue Exemplare finden, ebenso wie Wissenschaftler, die Messungen durchführen, um herauszufinden, wie und warum bestimmte Bäume derart außergewöhnliche Merkmale entwickeln. Bei der Suche nach den Superlativen kommen verschiedene Parameter ins Spiel.

Der erste Preis in Sachen Größe geht wohl an »Pando« in Utah, eine mehrstämmige, aus einer Wurzel entstandene Klonkolonie der Amerikanischen Zitterpappel, die sich über eine Fläche von 43,6 Hektar erstreckt. Das Gesamtgewicht dieses Baumverbunds aus Zehntausenden verwandten Organismen wird auf etwa 6000 Tonnen geschätzt und gilt damit als das größte und schwerste Wald-Lebewesen der Welt.

Bleiben wir aber bei einstämmigen (nicht-klonalen) Bäumen. Welcher von ihnen ist der größte? Da ist zunächst der Riesenmammutbaum namens »General Sherman« im kalifornischen Sequoia National Park zu nennen, mit einer Stammhöhe von 83,8 Metern. Übertroffen wird er noch von »Hyperion«, einem Küstenmammutbaum, der 2006 im kalifornischen Redwood National Park entdeckt wurde und mit satten 116 Metern heute als der höchste Baum der Erde gilt. Doch der genaue Standort dieses Rekordhalters bleibt streng geheim, um ihn vor Schäden durch Touristen zu schützen, wie sie dem weltberühmten Tunnelbaum »Wawona« im Yosemite National Park zum Verhängnis wurden: Durch den impo-

»El Árbol del Tule«, eine Montezuma-Zypresse in Oaxaca, Mexiko, beansprucht den Preis für den breitesten Stamm mit etwa 11,6 Metern Durchmesser.

»Von den Szenen, die sich tief in mir eingeprägt haben, sind keine erhabener als die von Menschenhand unberührten Urwälder.«

CHARLES DARWIN,
Die Fahrt der Beagle

santen Riesen wurde ein Tunnel geschlagen, sodass man mit dem Auto hindurchfahren konnte – ein bei Touristen beliebtes Fotomotiv. Der Tunnelbau aber schwächte den Baum derart, dass er im Winter 1969 umstürzte. Der »dickste« Baum der Welt ist die Montezuma-Zypresse »El Árbol del Tule« im Bundesstaat Oaxaca in Mexiko. Der genaue Umfang ist aufgrund des knorrig verdrehten Stammes schwer zu messen, wird aber auf unglaubliche 46 Meter an der Basis geschätzt.

Nun zu einem weiteren Parameter, dem Alter, und damit zurück zu »Pando«. Diese gigantische

Ein einsamer Mammutbaum überragt die benachbarten Evergreens im Humboldt Redwoods State Park in Kalifornien, USA.

Zitterpappel-Klonkolonie ist nicht nur die größte der Welt; mit einem geschätzten Alter ihres Genbestandes von über 80 000 Jahren gilt sie auch als das älteste Lebewesen, das derzeit bekannt ist.

Als ältester bestätigter Einzelbaum wiederum galt lange Zeit »Methuselah«, eine gut 4850 Jahre alte Grannenkiefer in den nordamerikanischen White Mountains. In kargen Gipfellagen von über 3000 Metern trotzt diese Kiefer seit fast fünf Jahrtausenden Wind und Wetter. Eine erst kürzlich entdeckte (noch namenlose) Grannenkiefer, ebenfalls in den White Mountains, übertrifft diesen Rekord mit geschätzten 5060 oder 5070 Jahren aber noch. Auch ihr Standort wird geheim gehalten, um sie zu schützen, denn ein Artgenosse ähnlichen Alters namens »Prometheus« begann zu kippen, als Donald Rusk Currey 1964 eine Bohrkernprobe entnahm und der Bohrer im Inneren des Baumes abbrach. Daraufhin erteilte der United States Forest Service die Genehmigung zum Fällen des Baumes, um die Auszählung der Jahresringe zu erleichtern: 4844! »Prometheus« hatte bereits Wurzeln geschlagen, als der Bau der Pyramiden in Ägypten begann!

Grannenkiefern faszinieren die Forscher seit Langem. Vergleichende Jahresring-Auswertungen alter Bäume aus Hochlagen der nördlichen Hemisphäre verraten viel über Umweltverhältnisse in vergangenen Erdzeitaltern. Diese uralten Bäume bergen höchstwahrscheinlich auch Geheimnisse, die auf menschliche Alterungsprozesse übertragen werden können. Mit zunehmendem Alter – bei Pflanzen wie bei Tieren – verkürzen sich die Schutzstrukturen an den Enden der Chromosomen, Telomere genannt – ein spannendes Feld der Forschung.

Last, but not least gibt es noch einen Spitzenreiter im Wettbewerb um den »Baumältesten«. Und zwar eine Gemeine Fichte namens »Old Tjikko«. Einst war sie Teil einer Klonkolonie, nun steht sie zerzaust und einsam auf einer Bergkuppe im Nationalpark Fulufjället in Schweden. Mittels Radiokohlenstoffdatierung konnten Forscher ihr Alter auf rund 9550 Jahre bestimmen. ■

Im nordamerikanischen Kalifornien schimmert die Sonne durch das uralte Geäst einer Langlebigen Grannenkiefer.

Urzeitwälder

Im langen Lauf der Evolution traten die Bäume sehr früh auf den Plan. Erste Urbaum-Gemeinschaften breiteten sich noch vor der Ausformung der Kontinente aus, wie wir sie heute kennen. Fossilienfunde aus aller Welt – aus Amerika, Europa, Asien, Nordafrika – geben Paläobotanikern einen Eindruck vom Aussehen der Wälder vor 385 Millionen Jahren: Man stelle sich eine üppig bewachsene Bewaldung vor. Mit drei Arten von baumartigen Urzeitpflanzen, die dicht an dicht wachsen. Die eine (der Baumfarn) entspringt an einem dicken, knapp zwei Meter breiten Wurzelstock und hat einen schlanken, aufrecht emporstrebenden Stamm mit fingerförmig gefächerten und spitz zulaufenden Blättern. Die andere (der Bärlapp) entwickelt direkt am Stamm gabelig verzweigte Triebe, bis ganz nach oben. Und die dritte (der Schachtelhalm) wächst an unterirdisch gelagerten Rhizomen.

Ein solcher Wald wuchs einst in den nordamerikanischen Catskill Mountains. Der Beweis dafür wurde aus einem Sandsteinbruch, dem Riverside Quarry in Gilboa (im Bundesstaat New York), gebrochen. Bereits in den 1850er-Jahren fand man dort aufschlussreiche (Abdruck)fossilien urzeitlicher Baumstämme. Der in den 1920er-Jahren erbaute Gilboa-Damm flutete die Fundstätte jahrzehntelang. Erst 2010, als der Damm im Zuge von Wartungsarbeiten zeitweise geleert werden musste, kamen die Überreste eines fossilen Waldes zum Vorschein. Forscher konnten drei verschiedene baumförmige Pflanzen ermitteln – *Eospermatopteris, Archaeopteris, Tetraxylopteris*, die mehr als hundert Millionen Jahre älter sind als die Dinosaurier. Die am höchsten gewachsenen Arten besaßen Wedelblätter, ähnlich den heutigen Baumfarnen, aber keine »echten« Blätter, welche im Laufe der Evolution erst später entstanden, um über eine vergrößerte Blattoberfläche mehr Sonnen-

Urzeitwälder könnten so ausgesehen haben wie in dieser künstlerischen Interpretation, inspiriert von Baumfossilien-Funden in China, Deutschland und den USA.

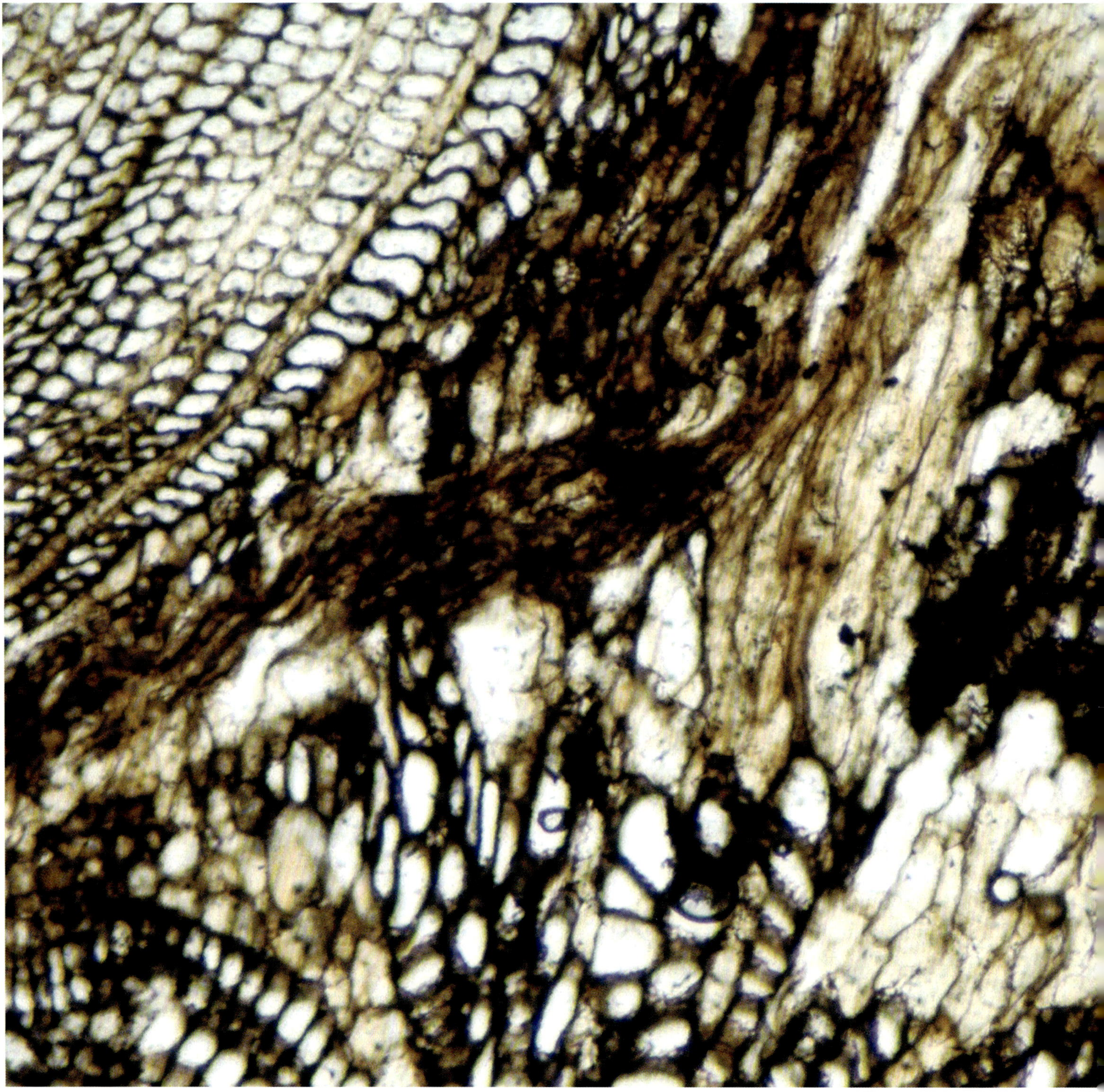

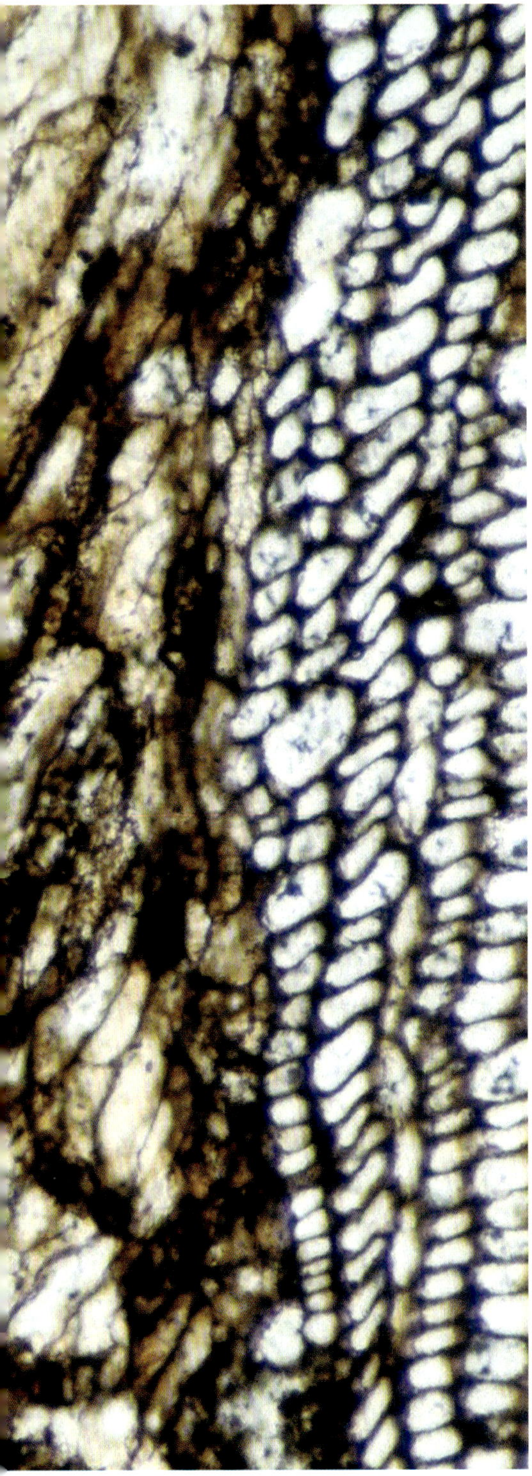

licht einzufangen. Jüngste Funde von urzeitlichen Baumfossilien im nordwestlichen China offenbarten ein primitives Leitsystem aus Xylem-Zellen, durch das der Wassertransport erfolgte und die Pflanze sich wachstumsfähig hielt.

Jeder neue Fund bereichert unser Verständnis der Evolution – nicht nur der Bäume, sondern der belebten Natur insgesamt. Mit der Entwicklung der Wälder begann vermutlich eine primitive Form der Fotosynthese: Die Pflanzen nahmen Kohlendioxid (CO_2) aus der Atmosphäre auf und gaben es als Sauerstoff (O_2) wieder ab – wichtige Schritte auf dem Weg zu einem Planeten voller Leben. ■

GEGENÜBER: Die Baumringstruktur des versteinerten *Archaeopteris*, hier stark vergrößert, gibt Aufschluss über die Entwicklung der Bäume.

OBEN: Ein Querschnitt durch versteinertes Holz aus der Trias-Zeit, mehr als 200 Millionen Jahre alt.

BERÜHMTE BÄUME

EIN BAUM ALS STADTBEGRÜNDER

Mitten im Zentrum von Freetown, der Hauptstadt von Sierra Leone im westlichen Afrika, breitete jahrhundertelang ein prächtiger Baum seine Zweige aus. Der uralte Kapokbaum (*Ceiba pentandra*) wurde auch »Cotton Tree« (Baumwollbaum) genannt, wegen des weißlichen Flaumes, der seine Samen umgab, wenn die Samenhülsen platzten. Wissenschaftler gehen davon aus, dass dieser Baum zumindest seit 1792 hier stand und bereits den Gründungsvätern der Stadt Schatten spendete. Versklavte Afrikaner, die im amerikanischen Unabhängigkeitskrieg an der Seite der Engländer gekämpft hatten, waren in die kanadische Provinz Neuschottland geflohen, um mithilfe der Briten in ihre westafrikanische Heimat zurückzukehren. Viele von ihnen landeten in Sierra Leone an und ließen sich in »Free Town« (Freie Stadt) nieder. Die Ankömmlinge und ihre Nachfahren sind als Krio oder Sierra-Leone-Kreolen bekannt. Und mittendrin auf diesem Fleckchen Erde stand er, der »Cotton Tree«, als ein unübersehbares Wahrzeichen der Stadt. Die Stadt entstand um den Baum herum; ihre Einwohnerzahl liegt heute bei weit über einer Million. Der »Cotton Tree« von Freetown hat Kolonialherrschaft sowie Bürgerkrieg überstanden und galt vielen als ehrwürdiger Zeuge der Geschichte – vielen aber auch als schmerzhaftes Symbol des schändlichen einstigen Sklavenhandels. Dies könnte der Auslöser für zwei versuchte Brandanschläge auf den »Cotton Tree« in den Jahren 2018 und 2020 gewesen sein. Im Nu stand der ausgehöhlte Baum in Flammen, doch er überlebte und reckte sich weiterhin hoch zum Himmel – als umstrittenes Symbol einer komplizierten Vergangenheit. Im Mai 2023 fiel der berühmte Baum einem Sturm zum Opfer, aber an seinem Standort soll ein Denkmal errichtet werden. ■

GEGENÜBER: Freetown in Sierra Leone hat sich in alle Richtungen um den berühmten »Cotton Tree« herum entwickelt.

FOLGENDE DOPPELSEITE: Seerosenblätter schwimmen auf den Gewässern in den botanischen Gärten von Singapur.

Eingefangen in Bernstein

Bernstein-Nuggets werden an Stränden rund um den Globus angespült und sind relativ leicht zu erkennen. Die honigfarbenen, teils opaken »Steine« sind erstaunlich leicht, entflammbar, duften beim Verbrennen harzig-aromatisch und laden sich bei Reibung elektrostatisch auf. Manche dieser kostbaren Funde enthalten Einschlüsse, Zeugnisse urzeitlicher Lebensformen: einen Floh, eine Spinne, ein Blatt, eine Blüte – auf ewig im Bernstein eingeschlossen. Jedes dieser Nuggets entstand aus zähflüssigem Harz, das ein Baum einst absonderte, um eine Wunde zu verschließen. Bernstein stammt von nicht mehr existenten Baumarten, die vor Jahrmillionen lebten. Das Harz dieser Bäume floss aus, erstarrte – und umschloss dabei manchmal urzeitliche Organismen, die sich im klebrigen Saft verfangen hatten. Diese Lebensformen wurden oft so gut vom Harz konserviert, dass wir heute aus ihnen Zellen und sogar DNA extrahieren und analysieren können – Lebewesen, die vor Jahrmillionen den Planeten bevölkerten, eingefangen in versteinertem (fossiliertem) Baumharz. Da sie erstaunlich leicht sind, wurden viele dieser Nuggets von Flüssen, Fluten und Gletschern davongetragen, um teils weit entfernt von ihrem Entstehungsort an Küsten und Ufern wieder aufzutauchen.

Das »Gold des Waldes« ist auch in Sachen Menschheitsgeschichte von wissenschaftlicher Bedeutung. In dänischen Mooren fand man Bernsteinketten aus der Steinzeit. Im antiken Griechenland war Bernstein derart hoch geschätzt, dass man ihn den Göttern zuschrieb. Der Legende zufolge sind die Tränen des Sonnengottes Apollon zu Bernsteinen geronnen; nach einer anderen sind es die Tränen der

Baumharz, vor etwa 50 bis 40 Millionen Jahren zu Bernstein erstarrt, fing diese Mücke ein.

Heliaden, der Töchter des Sonnengottes Helios, die um ihren Bruder Phaethon weinten, dessen Versuch, den Sonnenwagen zu lenken, tödlich endete. Die Menschen der Antike schätzten Bernstein als Medizin, Weihrauchharz und Talisman, und noch heute ist er als Schmuckstein beliebt.

Bernstein erzählt uns aber auch viel über die Evolution und trägt zu einem besseren Verständnis der Erdgeschichte bei. Funde am Grassy Lake im kanadischen Alberta brachten in Bernstein eingeschlossene, rund 100 bis 65 Millionen Jahre alte Federn zum Vorschein, welche die Theorie einer Verbindung zwischen Dinosauriern und heutigen Vögeln untermauern. ■

OBEN: Bernstein wird in der menschlichen Kultur seit Ewigkeiten hoch geschätzt, wie diese steinzeitlichen Artefakte aus Dänemark bezeugen.

GEGENÜBER: Ur-Federn von Dinosauriern, eingefangen in kanadischem Bernstein.

Kohlenstoff – Baustein des Lebens

Die Forschung geht davon aus, dass wir den Auswirkungen des Klimawandels entgegenwirken können, indem wir die Wälder der Erde schützen, erhalten und zusätzliche Bäume pflanzen. Aber wie und warum genau kann das funktionieren?

Widmen wir uns zunächst dem Thema Kohlenstoff. Kohlenstoff ist einer der Grundbestandteile der physischen Welt. Es ist ein chemisches Element, das in der Luft, im menschlichen Körper und in der Natur vorkommt – in Gesteinen und Flüssen, in Pflanzen und Tieren, in Meeren und Bäumen. Alles Leben auf der Erde basiert auf dem Kreislauf des Kohlenstoffes: auf dem permanenten Austausch dieses zentralen Elements zwischen Landoberflächen, Ozeanen und Atmosphäre.

Aufgrund seiner atomaren Struktur verbindet sich Kohlenstoff in vielfältiger Weise mit anderen Elementen und bildet so den Grundbaustein aller komplexen organischen Moleküle – und damit des Lebens. Werden diese Moleküle wieder zerlegt, wird Energie freigesetzt. Das passiert zum Beispiel, wenn wir Nahrung verstoffwechseln, oder wenn Blätter Fotosynthese betreiben.

Bäume spielen im Kohlenstoffkreislauf der Erde eine wichtige Rolle. So, wie wir ein- und ausatmen, so tauschen auch Pflanzen mit der Luft Gase aus: Sie nehmen Kohlendioxid und Wasserdampf aus der Luft auf und zerlegen die Moleküle mittels Fotosynthese in ihre Bestandteile, um sie dann neu zusammenzusetzen – zu Zuckermolekülen (Glucose), die der Nahrung dienen, und zu Sauerstoff, der zurück

Durch die Spaltöffnungen der Blätter – hier unter dem Rasterelektronenmikroskop zu sehen – atmen die Bäume Kohlendioxid ein und Sauerstoff aus.

»Bäume sind Heiligtümer. Wer mit ihnen zu sprechen, wer ihnen zuzuhören weiß, der erfährt die Wahrheit.«

HERMANN HESSE,
Bäume

in die Atmosphäre abgegeben wird. Aus den kohlenstoffreichen Zuckern entwickeln die Bäume dann Holz, Blätter, Blüten und Früchte.

Bäume sind aber auch noch auf andere Weise am Kohlenstoffkreislauf der Erde beteiligt. Alle Lebewesen (einschließlich des Menschen), die pflanzliche Nahrung zu sich nehmen, zerlegen die Zuckermoleküle einmal mehr, nutzen sie zur Gewinnung von Energie und hinterlassen Abfallprodukte. Wenn Pflanzen verrotten – wenn Blätter fallen, Bäume umstürzen und auf dem Waldboden vermodern –, zerfallen auch die komplexen Zuckermoleküle, wodurch Kohlenstoff entsteht, der im Boden einlagert wird. Bei einem Waldbrand, wenn

Wasser und Gase bewegen sich ständig durch die Bäume der Welt – ein entscheidender Prozess für die Atmosphäre der Erde.

Flammen das Holz verzehren, gelangt Kohlenstoff mit den so entstehenden Gasen zurück in die Atmosphäre. All diese Prozesse vollziehen sich seit Jahrtausenden. Doch anders als je zuvor hat der moderne Mensch einen immer größeren Bedarf an Energielieferanten und so den Kreislauf aus dem Gleichgewicht gebracht. Wenn wir heute Kohle, Erdöl, Erdgas aus der Erde holen, zapfen wir die uralten Kohlenstoffspeicher des Planeten an. Und wenn wir diese Energieträger verbrennen, setzen wir Kohlenstoff in die Atmosphäre frei – und zwar in viel größeren Mengen und deutlich früher, als dies bei natürlichen planetarischen Prozessen der Fall wäre. Kohlenstoffmoleküle in der Atmosphäre fungieren als Treibhausgase, so genannt, weil sie die Wärme innerhalb der Atmosphäre einfangen wie unter dem Glasdach in einem Gewächshaus. Je mehr Kohlenstoff in der Atmosphäre ist, desto mehr Treibhausgase halten die Hitze fest und heizen Erde und Atmosphäre auf. Wälder können diese Dynamik regulieren, doch je mehr Bäume wir fällen, desto weniger von ihnen bleiben übrig, um Kohlenstoff aus der Atmosphäre zu absorbieren. Umgekehrt gilt: Je mehr Wälder wachsen, desto mehr Kohlenstoff können die Bäume durch Fotosynthese absorbieren. So werden sie zu sogenannten Kohlenstoffsenken: Die Bäume entziehen der Atmosphäre Kohlenstoff und lagern ihn im Holz ihrer Stämme, Äste und Zweige sowie im organischen Belag des Waldbodens ein – und leiten ihn letztlich wieder ins Erdreich zurück. ■

GEGENÜBER: Evapotranspiration, also die Bewegung von Wasser in und aus den Pflanzen, spielt eine Schlüsselrolle im Wasserkreislauf des Planeten.

OBEN: Diese fossilen Abdrücke von Blättern könnten zwei Millionen Jahre alt sein.

Mit den Bäumen wachsen

Schon allein der Name für die erste frühkindliche Bildungseinrichtung offenbart die Idee hinter dem Begriff: »Kindergarten« – ein Garten für Kinder. Der Begriff geht auf Friedrich Fröbel zurück, einen deutschen Pädagogen des frühen 19. Jahrhunderts, dem Zeitalter der Romantik, in dem kreative Köpfe nach Inspiration in der Natur suchten. Fröbels Ideen gaben den Anstoß zur sogenannten Kindergartenbewegung, basierend auf der Idee, dass das angeleitete Spiel in der Natur die jungen Menschen auf den Weg in ein besseres Leben führt.

Mehr als ein Jahrhundert später rief die Dänin Ella Flatau den ersten »Skovbørnehaven« ins Leben: den ersten Waldkindergarten. Kinder, so ihre Überzeugung, lernen am besten beim freien und spielerischen Erkunden der Natur. Flataus Idee zog schnell Kreise. Die schwedischen Nachbarn, vom Wert des »Friluftsliv« (Leben an der frischen Luft) ohnehin längst überzeugt, griffen die Idee auf und gründeten die »I Ur och Skur« (Wind-und-Wetter-Schulen).

Das Konzept ging rasch auf Erfolgskurs. Waldkindergärten gibt es heute überall auf der Welt. Sie heißen »Bush Kindy« in Australien, »Enviroschool« in Neuseeland oder »Mori-no-youchien« in Japan. Sie gelten als ein pädagogisches Alternativkonzept in einer zunehmend urbanisierten und technisierten Welt, die einhergeht mit einem wachsenden Erkrankungsrisiko für ADHS oder Fettleibigkeit im Kindesalter. Die Forschung stützt diese Philosophie. Wie internationale Studien zeigen, bietet eine grüne, naturnahe Umgebung optimale Bedingungen für eine gesunde

Der Blick hoch hinauf in die Bäume kann die kindliche Fantasie und einen respektvollen Umgang mit der Natur fördern.

kindliche Entwicklung: Die Kinder gewinnen an mentaler Stärke, an Selbstvertrauen und Kreativität und sind allgemein sehr viel gesünder, sowohl körperlich als auch seelisch. Kinder hingegen, die in einer weniger grünen Umgebung aufwachsen, haben laut einer dänischen Studie ein mehr als doppelt so hohes Risiko, im Laufe ihres Lebens psychische Störungen zu entwickeln.

Warum ist das so? Schwer zu sagen.

Der Biologe Edward O. Wilson würde es auf die Biophilie zurückführen, auf unsere angeborene Veranlagung, im Gefühl der Verbundenheit mit der Natur Glück und Zufriedenheit zu finden.

Richard Louv, Mitbegründer des Children & Nature Network, nennt es Vitamin N – ein »Elixier im Zeitalter der Naturdefizit-Störung« bei Kindern, ausgehend vom Prinzip, dass eine tief empfundene Verbundenheit mit der Natur für die körperliche und geistige Gesundheit, für das Wohlbefinden und für das Überleben des Menschen von allergrößter Bedeutung ist.

Mit dem Wald als Klassenzimmer und den Bäumen als Lehrern ebnen wir unseren Kindern den Weg in ein Leben im Einklang mit der Natur. ■

Kletterbäume wie dieser faszinieren Kinder heute ebenso wie vor langer Zeit.

Baum-Medizin

Ob es sich nun um frische Blätter oder getrocknete Rinde handelt – seit Jahrtausenden werden wertvolle Heilmittel von Bäumen in aller Welt geerntet. Zwei der berühmtesten dieser »Medizin-Bäume«, die Weide und der Chinarindenbaum, erzählen sehr unterschiedliche Geschichten.

Wie wir heute wissen, war die schmerzlindernde Wirkung der Weide bereits in der Antike bekannt. Der *Papyrus Ebers* (benannt nach seinem Entdecker), das älteste Medizin-Handbuch der Welt, führt »Weidenspäne« als Nervenberuhigungsmittel auf. Hippokrates, der »Vater der Medizin«, empfahl Weidenblätter bei Geburtswehen. Und Heilkundige in Europa und Nordamerika sammelten die Innenrinden der Weide als »wirksames Heilmittel bei Fieberschüben und inneren Unruhezuständen«, wie es ein Kleriker des 18. Jahrhunderts formulierte. Im 19. Jahrhundert gelang es deutschen und französischen Wissenschaftlern, den arzneilichen Wirkstoff aus der Rinde der Weide zu isolieren. Sie gaben ihm den Namen Salicin, abgeleitet von *Salix*, dem botanischen Namen des Baumes. Später entwickelten deutsche Chemiker des Pharmaunternehmens Bayer ein Präparat, das magenverträglicher war, indem sie das Salicin nicht aus Weidenrinde, sondern aus Mädesüß (einer krautigen Pflanze) gewannen. Heraus kam Aspirin. Der Streit darüber, wer als Erster den Wirkstoff synthetisch herstellte, dauert bis heute an.

Auch um das weltberühmte Heilmittel, das aus der Chinarinde gewonnen wird, entbrannten heftige Kontroversen. In der Zeit, als die europäischen Konquista-

Aus der Innenrinde von Weiden wie dieser entwickelten in Deutschland Chemiker erstmals die Formel für Aspirin.

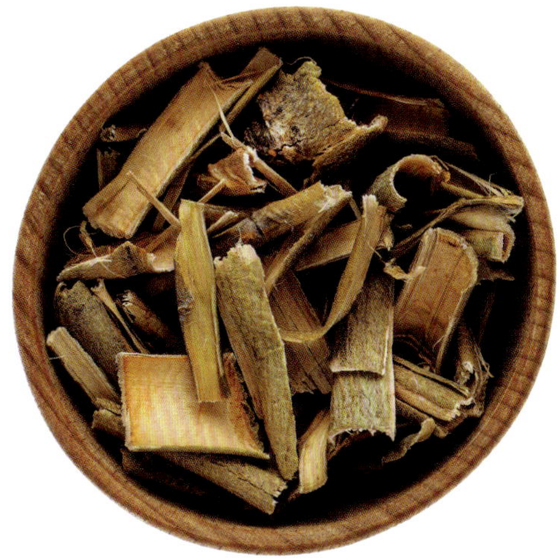

doren weite Teile des amerikanischen Doppelkontinents zu erobern begannen, war Malaria bereits eine altbekannte gefürchtete Krankheit. Keilschrifttafeln, vedische Schriften, ein alter chinesischer Kanon oder Homers *Ilias* – sie alle erwähnen das tödliche Sumpffieber, ausgelöst durch Mückenstiche. Nachdem die spanische Comtesse Chinchón, Gattin des Vizekönigs von Peru, um 1630 nach Einnahme einer Tinktur aus der getrockneten Rinde eines einheimischen Baumes von ihren Fieberschüben geheilt wurde, glaubten europäische Ärzte, ein Wundermittel entdeckt zu haben.

Heute kennen wir besagten Baum als Chinarindenbaum. Der schwedische Naturforscher Carl von Linné benannte ihn nach der Comtesse und gab ihm den

GEGENÜBER: Auf einer Plantage in Indien in den 1940er-Jahren legt eine Frau Chinarinde zum Trocknen aus, um daraus Chinin zu gewinnen.

OBEN: Holzschale mit Weidenrinden-Spänen – die Rinde mit ihren medizinischen Eigenschaften wurde schon immer geschätzt.

botanischen Name *Cinchona*. Der heilende Wirkstoff ist das Chinin, eine in der Innenrinde des Baumes vorkommende chemische Verbindung, die den durch Mücken übertragenen Malariaerreger *Plasmodium malariae* abzutöten vermag. Die Heilkraft der Chinarinde (Fieberrinde) sprach sich auch in Europa schnell herum. Mit der Kolonisierung von immer mehr tropischen Ländern wurde Malaria zunehmend zu einer Bedrohung und die Chinarinde für die Schaffung von Kolonialreichen unentbehrlich. Ganze Expeditionen durchkämmten die südamerikanischen Wälder, um die Rinde zu ernten sowie Saatgut und Schösslinge zu sammeln, um sie an geeigneten Standorten zu vermehren. Chinarinden-Plantagen waren Mitte des 18. Jahrhunderts weit verbreitet: auf karibischen und indopazifischen Inseln, in Afrika, Indien, Australien und Neuseeland. Nicht alle erwiesen sich als ergiebige Chinin-Lieferanten.

Zu Beginn des 20. Jahrhunderts konkurrierten Niederländer und Briten um die Weltherrschaft auf dem Chininmarkt und betrieben erfolgreich Plantagen, unter anderem auf Java. Während des Zweiten Weltkrieges erbeuteten Deutschland und Japan große Plantagengebiete und Chinin-Reserven, was die Suche nach synthetischen Chinin-Wirkstoffen aus dem Labor umso dringlicher machte.

Nach offiziellen Zahlen von 2006 sterben weltweit jährlich immer noch knapp eine halbe Million Menschen an Malaria, trotz wirksamer Malariamedikamente wie Chloroquin, das während der Corona-Pandemie als mögliches Covid-19-Heilmittel für Schlagzeilen sorgte.

Am Ende aber führt alles zurück zum Baum – in diesem Fall die Weide und der Chinarindenbaum – und zu seinem wichtigsten Teil, der Innenrinde. Es leuchtet absolut ein, dass die lebenspendende Schicht des Stammes, deren Funktion es ist, Nahrung in die Äste und Zweige, die Blüten und Früchte zu transportieren, auch uns Menschen von Nutzen ist. Was gut und gesund ist für den Baum, ist manchmal auch gut und gesund für uns Menschen – ein großes Glück! ■

Der in Südamerika beheimatete Chinarindenbaum liefert natürliches Chinin – lange Zeit das einzige bekannte Heilmittel gegen Malaria.

Baum-Poesie

Er war wohl ein Held seiner Zeit und ist heute vor allem für zwei Gedichtzeilen bekannt. Die Rede ist von Joyce Kilmer, der schrieb: »Ich glaub', niemals werd' ich schaun / ein Gedicht, schön gleich einem Baum.« Ein Gedanke, so klar und universell, dass er sich in unserem lyrischen Kulturgut seit mehr als einem Jahrhundert erhalten hat. Erstmals veröffentlicht wurde das Gedicht, ein einfacher Zwölfzeiler, im August 1913, in der US-amerikanischen Zeitschrift für Poesie *Poetry: A Magazine of Verse*. Es ist eine Hommage an einen personifizierten, inniglich geliebten Baum, der »im Sommer hält fest / in seinem Haar ein Meisennest« und schließt mit einem liebenswerten Moment der Selbstironie: »Gedichte sind doch Narrentraum / Von Gott alleine kommt der Baum!«.

Kilmer, ein gläubiger Katholik, arbeitete als Autor und Redakteur, aber auch als fester freier Mitarbeiter der *New York Times*. Doch mit Anfang 30 nahm sein Leben ein jähes Ende. Im Ersten Weltkrieg meldete er sich zum Militärdienst, wurde als Geheimdienstoffizier in Europa eingesetzt und erschossen, als französische und amerikanische Truppen die Deutschen an den Ufern des Ourcq zurückdrängten. Seine Tapferkeit wurde mit einer Totenmesse in der prunkvollen St. Patrick's Cathedral in New York City und der Verleihung des französischen Croix de guerre posthum geehrt.

Sein Gedicht jedoch lebt weiter – nicht zuletzt, weil der US-amerikanische Komponist Oscar Rasbach im Jahr 1922 die sentimentale Lyrik mit einer ebenso sentimentalen Melodie vertonte, die danach in mehr als einem Dutzend Filmen

Mondaufgang, Nebel und Bäume bilden ein Präludium für Poesie.

»Der Wald lockt tief und dunkel nun –
Doch ich hab' noch mein Teil zu tun
Und weit zu wandern bis zum Ruh'n,
Und weit zu wandern bis zum Ruh'n.«

ROBERT FROST,
»Halten am Walde im Abendschnee«

und Fernsehsendungen erklang, von den ersten Ton-Kurzfilmen der 1920er-Jahre bis zur *Muppet Show* in den Siebzigern.

Nach dem Dichter Joyce Kilmer ist heute vieles benannt: ein 3800 Hektar großes naturbelassenes Waldgebiet im westlichen North Carolina, eine Grundschule in Chicago, ein Rastplatz am New Jersey Turnpike, ein städtischer Park in der Bronx in New York City und auch in seinem Geburtsort New Brunswick (New Jersey).

Joyce Kilmer schrieb unzählige weitere Gedichte, viele thematisieren seine Liebe zur Natur, doch sein Name wird für immer mit diesen Versen über die poetische Schönheit des Baumes verbunden bleiben. ■

Uralte Bäume im britischen Dartmoor Forest verweisen auf mythische Zeiten. Dieser hier trägt den Spitznamen »Medusa«, benannt nach dem Ungeheuer mit den Schlangenhaaren.

Der Schlaf der Bäume

In unserer Vorstellung stehen Bäume still, scheinen gänzlich unbewegt. Gewiss, sie wogen im Wind oder verändern ihre Gestalt, während sie wachsen. Aber bewegen sie sich auch in einem festen Tag-Nacht-Rhythmus? Ja! Nach alten und neuen Erkenntnissen durchläuft ein Baum einen Tageszyklus, zeigt einen veränderlichen Zell-Wasserhaushalt sowie messbare physikalische Schwankungen zwischen Sonnenaufgang und Sonnenuntergang, auch wenn uns dies mit bloßem Auge gar nicht auffällt.

Wie neueste Studien belegen, folgen Bäume einem 24-Stunden-Zyklus. Einem finnisch-österreichischen Forschungsteam gelang es, das Schlafverhalten ausgewachsener Birken zu messen – gleiche Arten, unterschiedliche Bedingungen –, indem sie mithilfe von Laser-Scannern Zeitreihen aufnahmen, um Positionsänderungen (von Blättern und Zweigen) darzustellen; auf diese Weise kamen die Forscher die ganze Nacht hindurch ohne künstliches Licht aus. Messungen nahmen sie nur in windstillen Nächten vor, um Wind als Ursache für veränderliche Formen auszuschließen. Dieser Ansatz ermöglichte es den Forschern, eine 3-D-Punktwolke zu erzeugen: animierte Baum-Avatare, deren Formen im zeitlichen Verlauf nun leicht vergleichbar waren. Es zeigte sich, dass die Zweige in der Nacht kontinuierlich nach unten sinken (bis zu zehn Zentimeter), um sich am Morgen wieder aufzurichten.

Ahornbauern, die Saft aus Ahornbäumen zapfen, wissen längst um deren Tag-Nacht-Zyklus. Der ideale Erntebeginn setzt im Frühling ein, und wer abends zapft, wird besonders reichlich mit Ahorn-Sirup belohnt! ■

Im Patriarch Grove in den kalifornischen White Mountains steht eine Grannenkiefer, jahrhundertealt, unter dem nächtlichem Sternenzelt.

BERÜHMTE BÄUME

EIN BAUM, EIN GANZER WALD

Alljährlich im Herbst, mitten in Utah, ergießt sich ein leuchtend gelbes Blättermeer über eine Fläche von rund 43 Hektar – lichtvoll schimmerndes Laub von weit über 40 000 Zitterpappeln, die allesamt einem einzigen winzigen Samen entsprungen und über ein einziges Wurzelsystem miteinander verbunden sind – ein wahres Baumwunder. Dieser Superorganismus, »Pando« genannt (lateinisch für »Ich breite mich aus«), gilt als das Lebewesen mit der größten Biomasse der Welt und ist an die 6000 Tonnen schwer.

Jedes Individuum in diesem Wald ist genetisch völlig identisch mit den anderen. Zitterpappeln können sich auch durch Keimung ihrer Samen vermehren, doch wie DNA-Tests bestätigt haben, sind all diese Bäume durch natürliches Klonen entstanden, und noch immer treiben neue Schösslinge am selben riesigen unterirdischen Wurzelsystem aus (durch einen Prozess namens »Suckering«). 1976 wurde die Zahl der Neuschösslinge auf 47 000 geschätzt – und das Alter von »Pando« auf über 80 000 Jahre.

Doch die Tage dieser imposanten Klonkolonie könnten bald gezählt sein. Jungtriebe reifen kaum heran. Weidende Rinder und Maultierhirsche treten sie nieder oder knabbern sie ab. Wacholder und andere invasive Pflanzen durchwuchern das Unterholz und konkurrieren mit den Jungbäumen. Noch dazu bremst ein Pilz namens Hirtenstab das Neuwachstum.

Förster ebenso wie Baumfreunde suchen nach Wegen, »Pando« zu verjüngen. Umweltverbände wie der Grand Canyon Trust investieren viel Zeit und Geld, um Gebiete einzuhegen, invasive Pflanzen zu entfernen und die Wissenschaft zu unterstützen, die sich für das Gedeihen dieses großartigen Organismus einsetzt. ■

Aus einem einzigen Wurzelsystem entspringen immer wieder neue Klone der Zitterpappel im Fishlake National Forest in Utah, USA. Alle zusammen bilden sie »Pando«, den größten Einzelorganismus der Welt.

KAPITEL ZWEI

ERDE

Bäume wachsen hervor aus tiefer Erde,
verflechten sich mit dem Leben, das sie in sich bergen.

Eine unterirdische Welt

Ein dicker Strich, rechts und links davon Zweige und Blätter, darunter eine gerade Linie – so malen die meisten Kinder einen Baum. Und das ist wohl auch das Bild, das wir vor uns sehen, wenn wir an einen Baum denken: der oberirdische Teil. Doch auch unter der Erde ist eine ganze Welt lebendig – es gibt Kommunikation und Austausch, Verbindungen und Wechselwirkungen, Lebensformen noch und nöcher: ein ganzes soziales Netzwerk, das für den Baum ebenso wichtig ist wie für den Stamm, die Äste und die Blätter über der Erde.

Willkommen in der Rhizosphäre! Rhizosphäre bedeutet »Welt der Wurzeln«. Der Begriff wurde vor mehr als hundert Jahren von dem deutschen Agrarwissenschaftler Lorenz Hiltner geprägt und bezeichnet den unmittelbaren Einflussbereich der lebenden Wurzeln im Boden. Für Hiltners Verfahren zur Beimpfung von Sojabohnen (Inokulation), das die Interaktion zwischen Wurzeln und Bakterien und mithin die Gesundheit von Pflanzen und Boden verbesserte, wurden er und seine Agrikulturbotanische Anstalt auf der Weltausstellung 1904 mit einer Goldmedaille ausgezeichnet. Ganz allgemein erkannte Hiltner bereits damals die Bedeutung der Vorgänge im Wurzelraum und schrieb: »Jede Pflanze steht mit ihren Wurzeln in direktem Kontakt zu den im Boden lebenden Mikroorganismen, der sogenannten Rhizosphäre.«

GEGENÜBER: Das Morgenlicht beleuchtet die verzweigten Wurzeln der Feigenbäume in der Moreton Bay auf der australischen Insel Norfolk.

VORHERGEHENDE DOPPELSEITE: Ein Waldfoto aus Tschechiens Riesengebirge schimmert mit Texturen, die eines Gemäldes würdig sind.

Welch komplexe Welt er damit für weitere Forschungen erschloss, ahnte Hiltner wohl kaum. Heute fangen wir gerade erst an, das komplizierte unterirdische Netzwerk zu verstehen, das den Boden unter den Bäumen dieser Welt mit sichtbarer (Insekten, Würmer, Pilze) und unsichtbarer (Nematoden, Bakterien und sogar Viren) Flora und Fauna durchwächst. Etliche Studien wurden unternommen, um die Rhizosphäre einzelner Pflanzenarten in bestimmten Klimazonen zu charakterisieren, und alle kommen sie zu dem gleichen erstaunlichen Ergebnis: Die größte Aktivität der Bäume spielt sich im Untergrund ab.

Es ist eine dynamische Welt, mit einem ständigen Nährstoffaustausch zwischen den Arten. Dieses Zusammenspiel wird durch äußere Bedingungen beeinflusst: zu viel oder zu wenig Wasser, glühende Hitze oder eisige Kälte. Auch die Erschließung von Boden durch uns Menschen – wir pflügen, verdichten und bebauen ihn – hat Einfluss auf die Rhizosphäre.

Um den Wald in seiner ganzen Dynamik zu verstehen, müssen wir eintauchen in die unterirdische Welt, die ihn stützt – in eine Welt, die uns durch ein tiefes, dunkles Geflecht aus feinsten Wurzeln führt. ■

Ein Erdrutsch an einem Steilhang offenbart das komplexe Wurzelsystem, das den Baum stützt.

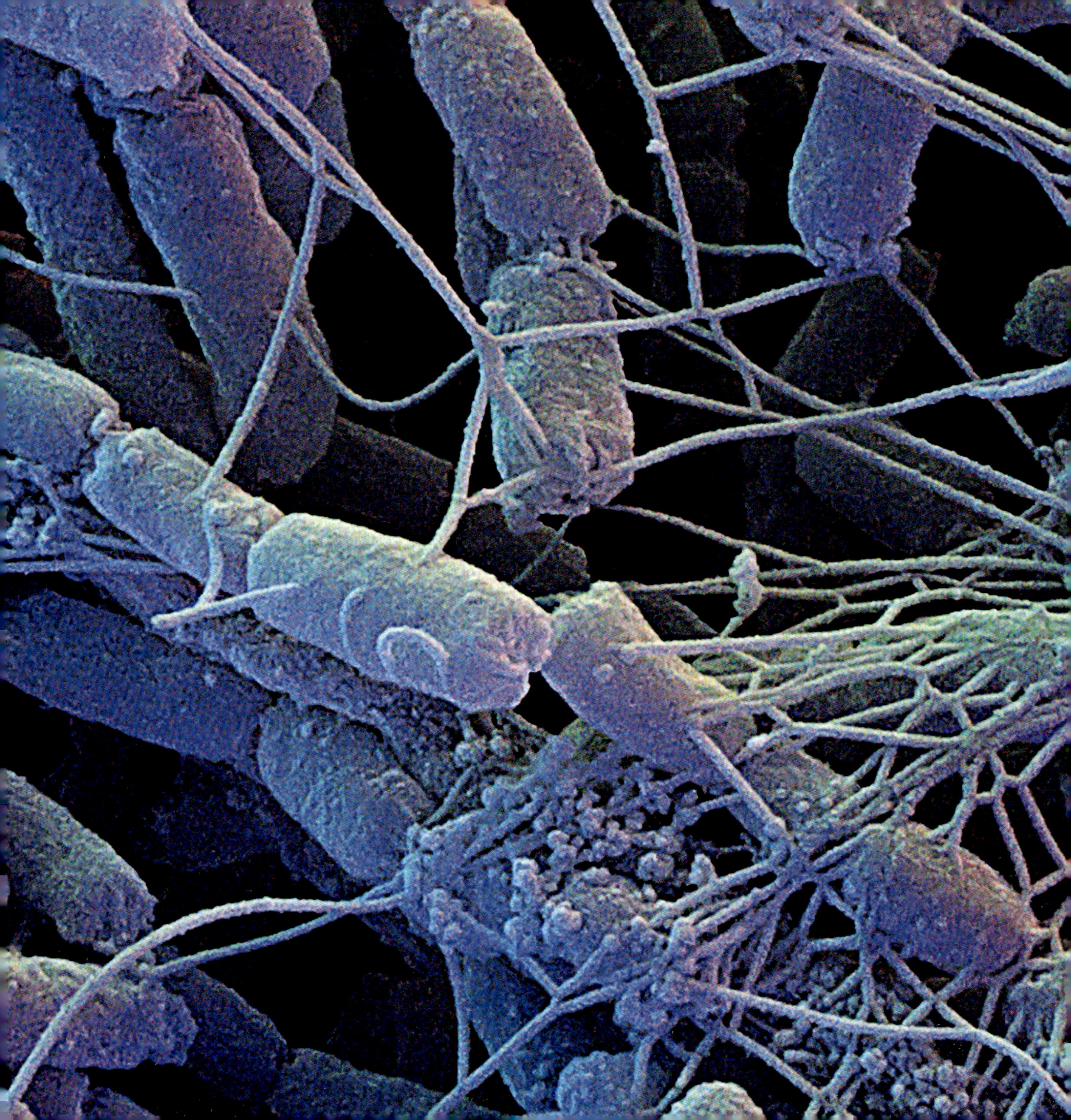

Mikroben im Wurzelraum

So, wie wir gerade erst zu verstehen beginnen, welche Funktion Mikroorganismen auf unsere menschliche Gesundheit haben, so beginnen wir auch gerade erst, die Funktion und Fülle jener Bakterien zu erfassen, die den Wald vital und gesund erhalten. Auch der Wald hat ein Mikrobiom. Wenn wir tief hinab in den Boden schauen und das Bild, das wir dort sehen, um ein mindestens Tausendfaches vergrößern könnten, würden wir ein emsiges, ineinander verflochtenes Netzwerk sehen, viele Mitwirkende einer mikrobiellen Gemeinschaft – die heimlichen Hauptakteure aber sind die Bakterien.

Gärtner und Landwirte wissen seit Langem schon, dass bestimmte im Boden lebende Bakterien das pflanzliche Wachstum ankurbeln.

So lebt zum Beispiel ein Bakterium namens *Rhizobium* in einer besonderen Beziehung mit Pflanzen aus der Familie der *Leguminosen* (Hülsenfrüchtler): mit Erbsen, Bohnen oder Mimosen, aber auch mit Bäumen wie der Robinie, der Gleditschie, dem Judasbaum, der Akazie oder dem Tamarindenbaum. Entlang der Wurzeln dieser Hülsenfrüchtler bilden sich spezielle Knötchen, in denen sich Bakterien ansiedeln. Die Pflanzen liefern den Bakterien Kohlenstoff, den sie durch Fotosynthese erzeugt haben. Die Bakterien entziehen dem Boden Stickstoff und liefern ihn der Pflanze als Nahrung. Dieser Prozess wird Stickstofffixierung genannt.

Farbig verstärkt und 16 500-fach vergrößert, gibt uns dieses Bild einen Einblick in die Welt eines *Streptomyces*-Bakteriums, das in Waldböden vorkommt.

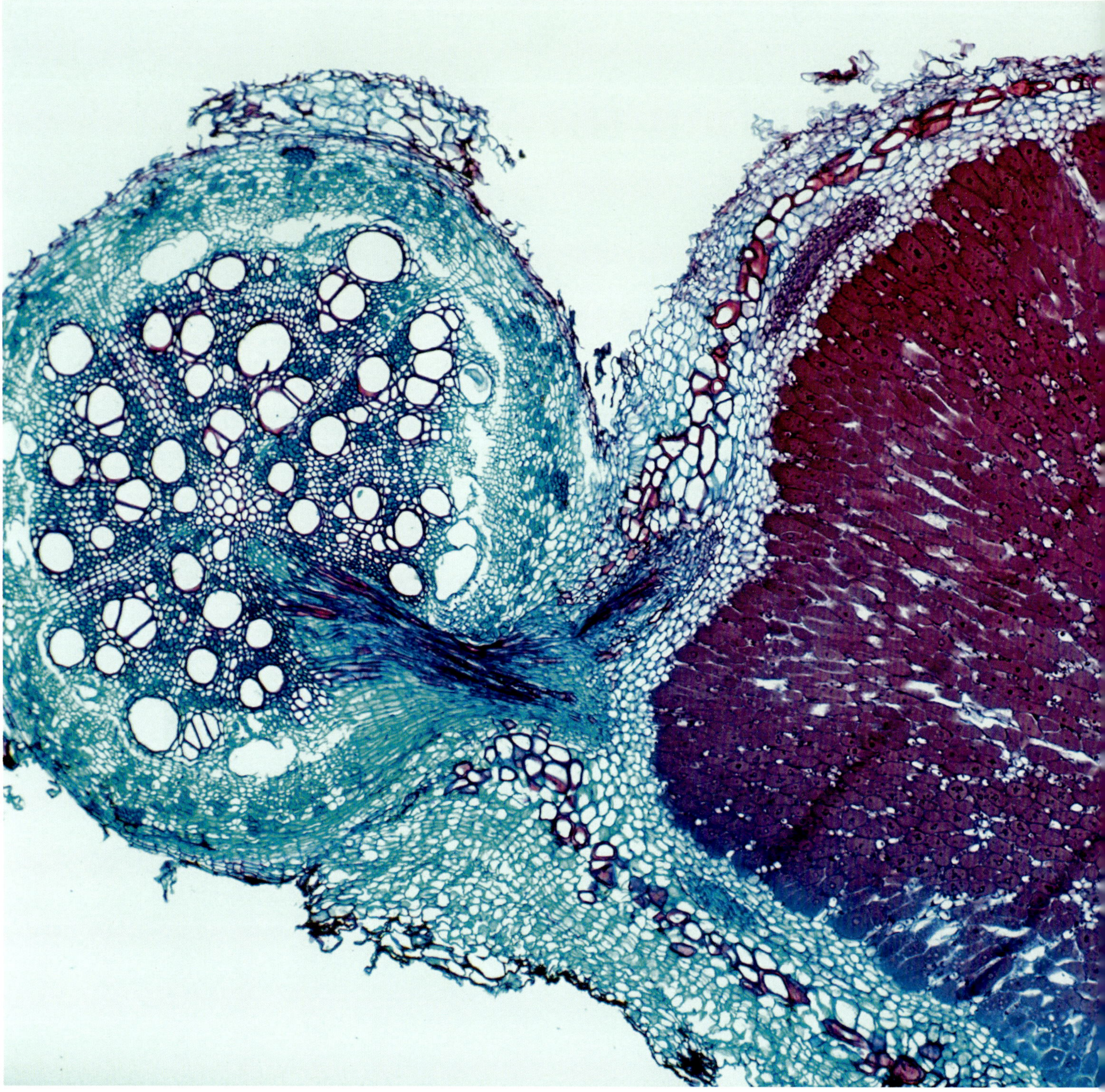

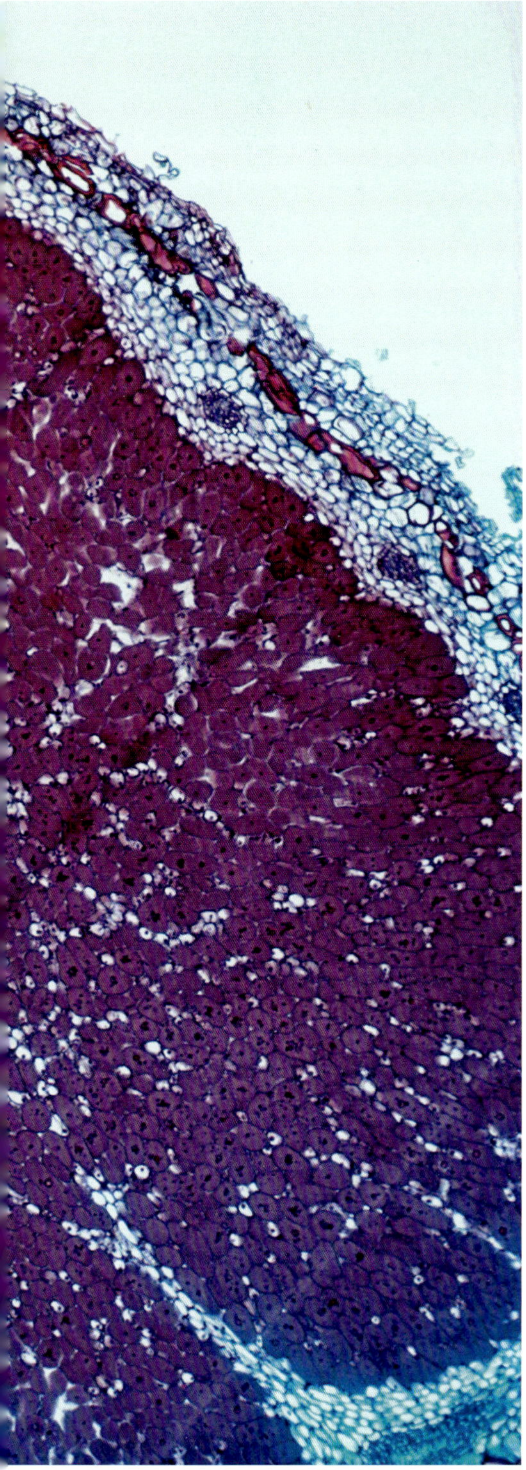

»Wald, Erde, Moder ... sind zur Lebensfreude da.«

HENRY DAVID THOREAU,
Tagebucheintrag, 6. Januar 1857

Der Nutzen von *Rhizobien* ist schon seit der Römerzeit bekannt, aber erst in jüngerer Vergangenheit haben Wissenschaftler mit einer systematischen Erfassung der Bodenbakterien begonnen, von denen jedes in seiner eigenen Weise zur Lebensgrundlage des Waldes beiträgt. Wie die Analyse einer Bodenprobe von 30 Gramm Erde (zwei Esslöffel voll) aus einem üppig bestandenen Buchenwald in Norwegen ergab, waren darin Tausende (vielleicht gar eine Million) unterschiedlicher Bakterienarten enthalten. Diese enorme Vielfalt zeigt, wie wenig wir über diese Kleinstlebewesen bisher wissen.

Einige Bakterien sind auf Blättern und Zweigen aktiv, sogar auf liegendem Stammholz oder Stümpfen, und tragen so zum natürlichen Kreislauf der Zersetzung bei, der Totholz in einen Nährboden für neues Leben wandelt. Sie nutzen Enzyme, über die Tiere und auch wir Menschen

Bäume beherbergen Bakterien, die sich in Wurzelknötchen ansammeln, hier (rechts im Bild) in Vergrößerung zu sehen.

nicht verfügen – Enzyme, die es ihnen ermöglichen, Zellulose und Lignin abzubauen, wesentliche Bestandteile, die den Pflanzenzellen ihre Kraft und Festigkeit verleihen.

Inmitten der aktiven mikrobiellen Waldgemeinschaft gehen Bakterien und Pilze spezielle Partnerschaften ein. Im Rahmen einer Laborstudie haben Forscher zwei Stämme der *Streptomyces* (einer artenreichen Gattung innerhalb der Bakterien) isoliert und beobachtet, wie sich ein bestimmter Pilz, der Fliegenpilz (*Amanita muscaria*), mit den Wurzeln von Kiefern- und Fichtenschösslingen verflocht. *Streptomyces* unterstützen also nicht nur einen Pilz, der das Wachstum der Schösslinge fördert, sondern sie schützen diese auch gegen einen anderen, der für ihre gesunde Entwicklung schädlich wäre.

Andere Bakterien bearbeiten Steine, pulverisieren sie und setzen dabei wichtige Mineralien frei, sodass die nimmersatten Wurzeln sie in wassergelöster Form aufsaugen können. In einem Experiment beobachteten Forscher die Interaktion zwischen Waldkiefer-Keimlingen, Biotit (Dunkelglimmer) und einem Bakterium namens *Burkholderia glathei*: eine Dreier-Gemeinschaft aus Baum, Gestein und Bakterium. Die Keimlinge wuchsen rascher, wenn man ihnen entweder nur Biotit oder nur Bakterien beigab – aber noch mal schneller, wenn sie beides in Kombination bekamen.

Es ist eine komplexe Welt, dieses Mikrobiom, dort unten zwischen den Wurzeln, inmitten wachsender Bäume. Und die Forschung steht hier erst am Anfang. Wie im menschlichen Körper, so auch im Wald: Manchmal spielen die kleinsten Akteure die größte Rolle. ■

Unterstützt von Bakterien durchdringen Pilze Steine, Wurzeln und Boden. Studien belegen, dass Bäume über unterirdische Pilznetzwerke miteinander in Austausch treten.

Waldpilze

Kein Wald könnte ohne seine Pilze überleben. Die Pilze, die für uns oberhalb des Bodens sichtbar sind – giftige Fliegenpilze, kleine braune Feenringe oder Violettporlinge, die an verrottenden Baumstämmen sprießen –, sind nur ein kleiner Teil der Geschichte. Die wahre Magie findet unter der Erde statt.

So, wie wir gerade erst beginnen, die Bedeutung von Bakterien im Waldboden zu verstehen, beginnen wir auch gerade erst, die Mykorrhiza zu verstehen, ein gigantisches unterirdisches Netzwerk aus Pilzen und Baumwurzeln. Hauchdünne Pilzfäden, Myzelien genannt, umspinnen und durchwachsen das Feinwurzelsystem aller Bäume und gehen symbiotische Beziehungen mit ihren baumartigen Verwandten ein. Mikroskopische Aufnahmen vom Querschnitt einer Baumwurzel zeigen unter anderem auch Pilzzellen. Pilze liefern Nährstoffe und Wasser im Austausch gegen fotosynthetische Energie. Manche vergleichen dieses komplexe Netz mit dem Internet und bezeichnen es deshalb als »Wood Wide Web«, das Bäume und Pflanzen gleicher oder verschiedener Arten miteinander verbindet.

Pilz- und Baumwurzelgewebe profitieren voneinander, indem sie sich gegenseitig Geschenke machen: Bäume versorgen die Myzelien, die selbst keine Fotosynthese betreiben, mit lebenswichtigem Kohlenstoff und erhalten dafür gelöste Mineralien – lebenserhaltende Nährstoffe, insbesondere Phosphor und Stickstoff, zu denen die Bäume aus eigener Kraft sonst kaum Zugang hätten.

Auch andere Lebensformen spielen in diesem Netzwerk eine Rolle: mikroskopisch kleine Lebewesen wie Bakterien, Würmer und Insekten, aber auch Wurzeln

Ein modernder Baumstamm in Costa Rica: Neongelbe Pilzfäden durchdringen jede noch so schmale Ritze.

anderer Pflanzenarten. Tatsächlich existiert ein weitreichender, unerforschter Verbund von Mikroorganismen nur wenige Zentimeter unter der Oberfläche eines gesunden Waldbodens – eine »Viele-zu-viele-Beziehung«. Neueste Forschungen lassen darauf schließen, dass die Bäume im Wald über die Mykorrhiza auch kommunizieren, Informationen und Ressourcen austauschen. Ausgefeilte Experimente, im Rahmen derer eine Pflanze verschiedenen Gefahren wie Blattfraß-Insekten oder Gewebe zersetzenden Pilzen ausgesetzt wurde, haben gezeigt, dass Nachbarpflanzen innerhalb weniger Stunden Abwehrenzyme aktivieren. Andere experimentelle Ergebnisse legen nahe, dass starke, gesunde oder ältere Bäume innerhalb eines Mykorrhiza-Netzwerkes ihre Ressourcen mit kleineren und jüngeren Artgenossen teilen.

Sogar Bäume verschiedener Arten helfen sich gegenseitig. Forschungen der Forstwissenschaftlerin Suzanne Simard etwa haben wiederholt gezeigt, dass Douglasien höher und besser wachsen, wenn sie den Boden mit Birken teilen. Ein gesunder, kraftvoller Wald zeigt sich also nicht allein im Wettbewerb um Ressourcen. Ebenso wichtig sind Kooperation und soziale Interaktion mit allen Lebensformen im Wald, sowohl über als auch und vor allem unter der Erde. ■

Porlinge gedeihen auf diesem Baumstamm in Deutschland. Sichtbar sind nur die Fruchtkörper des Pilzes, sein Organismus befindet sich im Inneren des Stammes.

Fest verwurzelt

Laut einer oft zitierten Aussage unterscheiden sich Pflanzen von Tieren darin, dass sie sich nicht bewegen. Schließlich hat ein Baum keine Beine, keine Flügel oder Flossen. Ein Baum steht still, fest verwurzelt an seinem Platz: die Metapher schlechthin für einen festen Standpunkt und einen tief verankerten Glauben. Sein Wurzelsystem jedoch ist ständig in Bewegung.

Sobald ein Baumsamen keimt, tritt eine einzelne Wurzel, die *Radicula* (Keimwurzel) nach unten aus. Bald brechen daraus erste, horizontal ausgerichtete Seitenwurzeln hervor. Während sich das Wurzelsystem unter dem heranwachsenden Baum ausweitet, findet auf der zellulären Ebene ein komplexer Vorgang statt. Spezialisierte Zellen an jeder einzelnen Wurzelhaarspitze vermehren sich und dringen immer tiefer in den Boden vor. Über ihnen sprießen weitere Wurzelhaare, die relativ kurzlebig sind, dafür aber in der Lage, alle zum Wachstum nötigen Nährstoffe aufzunehmen und der Pflanze zuzuleiten.

Damit beginnt der Transport von Wasser und Nährstoffen über die Wurzeln nach oben, durch den Stamm und über die Zweige in die Blätter. Auch ein umgekehrter Transport findet statt. Dabei wird anorganischer Kohlenstoff (Kohlendioxid) aus der Atmosphäre aufgenommen, über die Fotosynthese in organischen Kohlenstoff (Zucker) umgewandelt und aus den oberen Bereichen des Baumes nach unten in die Wurzeln geleitet. Kräftigere, ältere Stützwurzeln am unteren Stammteil stabilisieren den Baum und verankern ihn fest im Boden. Ausgereifte

Im Bryce Canyon National Park in Utah, USA, breiten sich vor der Kulisse der »Hoodoos«, der berühmten Gebilde aus Sedimentgestein, diese Baumwurzeln oberirdisch aus, ehe sie im Boden verschwinden.

Wurzelsysteme reichen selten so tief hinab wie der Baum in die Höhe; vielmehr laufen und verzweigen sie sich in alle Richtungen. Nur wenige reichen mehr als einen Meter tief unter die Erde; die meisten bilden knapp unter der Erdoberfläche, wo es ausreichend Sauerstoff und Bodenfeuchte gibt, flache Wurzelteller aus. Die durchwurzelte Fläche kann um das Zwei- bis Dreifache über den Umfang des Baumkronendaches hinaus reichen – je nach Höhe des Baumes.

Wenn Baumwurzeln wachsen, interagieren sie mit der Welt unter der Erde. Sie stoßen durch Luftlöcher, umschlingen Gesteine und verflechten sich mit dem ausgedehnten unterirdischen Pilzsystem des Waldes. Dieses Netzwerk ergibt ein dichtes Strukturgewebe, eine kraftvolle Stütze.

Für uns sichtbar sind hohe, aufrecht stehende Bäume. Beim Spaziergang stolpern wir gelegentlich über eine Wurzel, die sich an die Oberfläche geschoben hat. Und hier und da bestaunen wir das Wurzelwerk eines umgestürzten Baumes. Aber die meiste Zeit sind wir uns der Arbeit, der Bewegung, der Kraft, der schöpferischen Energie, die unter unseren Füßen wogt, nicht bewusst. Aus unserer Sicht begegnet der Baum der Welt nur mit Stamm und Geäst. Für den Baum selbst aber sind es die Netzwerke unter der Erde, auf die es ankommt. ■

Fällt ein Baum im Wald – wie dieser Kalifornische Mammutbaum –, reißt sein mächtiger Wurzelstock, der ihn einst aufrecht hielt, meist mit heraus.

EIN JAPANISCHES VOLKSMÄRCHEN

Eine junge Frau, benannt nach einem alten Baum, der dort wuchs, wo zwei Flüsse zusammenfließen, wurde von einem schönen jungen Mann umworben, der sie nachts besuchte, nie aber seinen Namen nannte. Als sie unübersehbar schwanger war, drängten ihre Eltern sie, seinen Namen zu erfragen. Das tat sie, doch damit hörten die Besuche auf. Irgendwann erkannten die Eltern, dass der Geliebte ihrer Tochter ein heiliger Baum war. Sie waren entsetzt, schickten sich an, den Baum zu fällen, doch es gelang ihnen nicht, so sehr sie sich auch mühten. Schließlich überredete die junge Frau ihren geliebten Baum, sich auf der anderen Seite des Flusses niederzulegen, und versprach, ihn niemals mehr zu verlassen. Seitdem liegt er dort – ein Symbol für die tiefe Verbundenheit zwischen Baum und Mensch.

Im Park der Burg Ōsaka in Japan steht ein Zen-Monument unter Schatten spendenden Bäumen.

Bodenbildung

Anfangs war unser Planet eine durch das All rotierende Kugel aus chemischen Elementen. Zunächst war alles gut durchmischt, bis sich die einzelnen geologischen Bestandteile zu trennen begannen. Die schwereren Elemente, wie Eisen, sanken nach unten in den glühenden Kern, während die leichteren an die Oberfläche stiegen. Als die entsprechende Temperatur erreicht war, blieb das Wasser in flüssiger Form bestehen und bedeckte den Planeten. Materiebrocken trieben umher, buken zusammen und brachen wieder auseinander. Schließlich verfestigte sich die Oberfläche und nahm die Gestalt an, die wir heute kennen: Kontinente und Ozeane. Die Landbildung begann als steinerne Kruste. Wenn wir heute tief genug bohren – an manchen Stellen bis zu einem Kilometer tief, an anderen nur bis knapp unter die Erdoberfläche –, stoßen wir zu dieser Grundgesteinsschicht vor.

Regen stürzte vom Himmel und trug das Gestein langsam ab. Erstes Leben begann sich zu regen, einzellige Cyanobakterien, die Kohlendioxid umwandelten. Diese frühesten Betreiber der Fotosynthese reicherten die Uratmosphäre mit Sauerstoff an, banden Stickstoff und hinterließen Materiepartikel – sowohl verdautes Sediment als auch die eigenen toten Überreste. Und es entstanden weitere Mikroorganismen.

Im Laufe der Evolution fanden viele dieser frühen Lebensformen Wege, mit dem Gestein zu interagieren: Mineralien herauszulösen, an der Oberfläche zu kratzen, sich hineinzubohren oder es aufzubrechen – und bildeten weitere Überreste, von denen sich wieder andere Arten ernährten. So bildete sich im Laufe der Zeit Schicht auf Schicht.

Wetter, Topografie und andere örtliche Bedingungen beeinflussen die Bodenbeschaffenheit im Black Sand Basin im Yellowstone National Park, USA. Hier färbt schwarzer Obsidiansand den Untergrund dunkel.

Als Bodenhorizonte werden die charakteristischen Abfolgen von Schichten bezeichnet, die in einem Vertikalschnitt im Waldboden erkennbar sind. Die oberste Schicht, der O-Horizont (Organische Horizont), besteht aus frisch gefallenen, verrottenden Pflanzenteilen (Streu- oder Rotteschicht) und bildet eine dicke, dunkel gefärbte Humusdecke. Direkt darunter liegt der A-Horizont (Mutterboden oder Krume), wo sich organische Stoffe mit mineralischen durchmischen. Die Wurzeln eines Waldbaumes streben in diese Schicht hinab und wirken dort ein: es ist die beste Quelle für Wasser- und Nährstoffaufnahme, der Bereich, in dem die Mykorrhiza gedeiht. Darunter liegen die Horizonte B (Anreicherungshorizont) und C (Muttergestein). Die einzelnen Horizonte werden nach unten hin immer dichter, enthalten mehr Ton, Schluff und Sand, sind kaum mehr durchlüftet und wasserundurchlässiger. Ganz unten liegt der R-Horizont, das Grundgestein.

Der Boden eines jeden Waldes hat seine eigene Farbe, Textur und sein eigenes Aroma, das von Leben und Fülle zeugt – ein Zeugnis der Vergangenheit, der Äonen, der Jahrhunderte und der Jahreszeiten. Er ist Medium für die Versorgung mit Wasser und Nährstoffen, ist Rohstoff und ewiges Produkt eines gesunden Waldes. Boden ist, schlicht und ergreifend, die Grundlage allen Lebens! ■

An der deutschen Ostseeküste macht stete Erosion die horizontalen Bodenschichten sichtbar.

BERÜHMTE BÄUME

WURZELN, DIE BRÜCKEN BILDEN

In der Region Cherrapunji im Osten Indiens, nahe der Grenze zu Bangladesch, rauschen vom Monsunregen angeschwollene Flüsse durch steile, felsige Schluchten, überragt von dichtem grünem Dschungel. Die Bewohner dieser überaus regenreichen Region haben entdeckt, dass sich aus lebenden Baumwurzeln Brücken bauen lassen, die viel stabiler sind als Konstruktionen aus Holz, Metall oder Beton.

Alles beginnt mit Setzlingen aus dem Gummibaum (*Ficus elastica*). Sie wurzeln schnell ein und an ihren Zweigen sprießen lange Luftwurzeln, die den Baum zusätzlich stabilisieren. Diese äußerst biegsamen und schnell wachsenden Luftwurzeln werden dann über einen Fluss gezogen und auf der anderen Uferseite im Boden verankert. Die Brücke wird verstärkt durch Bambusstämme, die jedoch schnell verrotten, während die Luftwurzeln weiterwachsen und sich mit jedem Jahr dichter verflechten. So wird die bestehende Struktur durch immer neue Verschlingungen verstärkt und erneuert. Bis die lebende Gummibaum-Brücke fertig und tragfähig verwoben ist, kann es Jahrzehnte oder noch länger dauern.

Niemand weiß, wie alt die ältesten lebenden Wurzelbrücken in Indien wirklich sind. Einige sind über 30 Meter lang und vermutlich viele Hundert Jahre alt. Diese Brücken, praktische Reise-, Transport und Fluchtwege, bieten die Möglichkeit, auch tiefe Schluchten zu überqueren, die andernfalls nur unter großen Gefahren oder gar nicht passierbar wären. Lebende Brücken sind flexibel, stark und witterungsbeständig – ein Beispiel botanischer Architektur, die all jene überdauern wird, die sie heute pflegen. ■

GEGENÜBER: Über viele Jahre schuf das Khasi-Volk im Nordosten Indiens diese Doppelbrücke aus *Ficus*-Wurzeln.

FOLGENDE DOPPELSEITE: Hier, im Nordosten der Dominikanischen Republik, bilden Mangrovenwurzeln ein dichtes Flechtwerk – oberhalb der Wasserlinie ebenso wie in den Laichgründen darunter.

Bodenarten

Was unterscheidet eine Bodenart von einer anderen? Zunächst einmal das Material selbst, die mineralische Zusammensetzung der Muttergesteine. Hinzu kommen Einflussfaktoren wie Zeit und Elemente, die das Material eher in Richtung Ton, Sand oder Schluff wandeln und so Permeabilität (Durchlässigkeit) und Porosität (Körnung) bestimmen. Zusätzlich lagern sich organische Stoffe ein, die je nach Region unterschiedlich beschaffen sind. Bodenpartikel aggregieren zu größeren Einheiten, bilden sich mal fest, mal locker und luftig aus. Je mehr Lufträume zwischen den Partikeln vorhanden sind, desto wasserdurchlässiger ist der Boden und desto tiefer und breiter können sich Wurzeln ausdehnen, um zu finden, was ein Baum zum Überleben braucht.

Auch Landschaft und Klima spielen eine große Rolle. Erosion findet statt, sei es durch Bodenabtrag oberflächlich abfließender Gebirgsbäche oder durch Lawinenabgang. Böden in Niederungen unterscheiden sich von jenen im felsigen Hochland. Dauerfrostböden der Tundra sind anderen Witterungen ausgesetzt als Böden in feuchtheißen Tropen: Lufttemperatur, Luftfeuchte und jahreszeitliche Schwankungen prägen auch die Bodennatur.

Ein gebräuchliches System zur Bodenklassifikation, das quantitativ messbare Bodeneigenschaften erfasst, unterscheidet zwölf Hauptbodenarten. Zu den Bodenarten, die am seltensten vorkommen, zählen Histosole (Sümpfe, Moore und Torfgebiete, in denen die Zersetzung organischer Stoffe vergleichsweise länger dauert) sowie Andisole (fruchtbare Vulkanascheböden). Beide Böden machen

Diese Luftaufnahme des südlichen Ufers des Ewaso Ng'iro in Kenia zeigt ein Gewirr aus Algen und Pflanzenresten.

jeweils nur ein Prozent der Erdoberfläche aus. Am häufigsten kommen Inceptisole und Entisole vor – junge, oft neu abgelagerte Böden in Wäldern, Deltas oder Überflutungsgebieten, ohne stark ausgeprägte Bodenhorizonte. Schätzungen zufolge machen diese beiden Bodenarten weltweit mindestens 25 Prozent der Erdoberfläche aus.

Die Klassifizierung setzt sich immer weiter fort, gliedert sich noch einmal in 64 Sub-Typen, danach in 300 Groß-Gruppen, danach in 2400 Sub-Gruppen und so fort, bis hinunter zu kleinen lokalen Landstreifen, den sogenannten Boden-Serien. Die Taxonomie des Bodens ist nicht minder komplex als die in der Botanik, die in der großen Gruppe der Bäume beginnt und dann immer weiter differenziert: Nacktsamer und Bedecktsamer, danach Klassen, Ordnungen, Familien, Gattungen, Arten, bis hin zu Sorten und Züchtungen. Jeder Apfel zum Beispiel stammt von einem Baum derselben Gattung und derselben Art – *Malus domestica*, aber es gibt Tausende von Apfelsorten.

Doch kein Klassifizierungssystem bildet die Welt der Natur exakt ab. Taxonomien verschieben sich, sobald neue Entdeckungen gemacht werden. Böden, Bäume, Tiere und sogar die unendliche Vielfalt des Menschengeschlechtes: Sie alle entziehen sich jedweder Kategorisierung. So ist das Leben! ■

Im australischen Queensland reichern Moose und Laubstreu, typisch für diesen Regenwald, den Boden an und halten ihn lebendig und gesund.

Ein Lächeln aus der Erde

Kinder wissen es. Gärtner wissen es. Und jeder, der gerne im Wald spazieren geht, weiß es auch. Gesunde Erde riecht gut. Und dank der Wissenschaft wissen wir nun auch, was es mit diesem Geruch auf sich hat: Es handelt sich um eine organische Substanz, die Mikrobiologen 1965 isoliert und Geosmin genannt haben (griechisch für »Erde« und »Geruch«), denn sie ist es, die diesen satten, erdig-waldigen Duft bewirkt. Geosmin, so stellte sich heraus, wird vor allem von bestimmten Bakterien produziert, aber auch in Roter Bete und Kaktusblüten. Winzer arbeiten angestrengt daran, Geosmin aus ihren Weinen herauszuhalten, während Wissenschaftler Methoden entwickeln, Rote Bete biotechnologisch zu manipulieren, um ihren erdigen Geruch zu fördern. Wir wissen jetzt, was den Waldboden so herrlich duften lässt, aber das ist längst nicht alles. Warum tut uns ein kräftiger Atemzug frischer Waldluft so gut? Die Wissenschaft hat es herausgefunden. Die Geschichte reicht zurück bis zu John und Cynthia Stanford, einem britischen Forscherehepaar des 19. Jahrhunderts. Die beiden hinterfragten, warum Impfstoffe gegen Lepra bei Menschen in Zentral-Uganda effektiver wirkten als irgendwo sonst auf der Welt. Sie bemerkten dieses Phänomen, als sie in der Gegend um den Kyogasee arbeiteten, einem ausgedehnten, seichten Gewässer zwischen dem Westlichen Rift des Zentralafrikanischen Grabensystems und dem Victoriasee. Die Stanfords isolierten ein Bakterium namens *Mycobacterium vaccae*, das in Böden weltweit vorkommt. Auch im Wasser des Sees und den schlammigen Sumpfflächen ist es reichlich vorhanden, ebenso wie in den Körpern aller Anwohner. Sie stellten fest, dass das *Mycobacte-*

Wie die Forschung belegt, können Bestandteile des Bodens eine positive Wirkung auf die menschliche Psyche haben.

rium vaccae die Menschen mit einer Grundimmunisierung gegen Lepra ausgestattet hatte, sodass die Impfstoffe als Booster wirkten.

Ein paar Jahre später wurde Mary O'Brien, eine Onkologin aus London, auf die Heilkraft von *Mycobacterium vaccae* aufmerksam und verabreichte es versuchsweise ihren Krebspatienten, bei denen sich eine stimmungsaufhellende Wirkung zeigte. Was ging hier vor sich? Wie biomedizinische Laborexperimente an Mäusen zeigten, reduzierte das Bakterium die Angstreaktion in Stresssituationen. Weitere Studien ergaben, dass *Mycobacterium vaccae* das Hormon Serotonin freisetzt, das sich positiv auf das allgemeine Wohlbefinden auswirkt, ähnlich der Wirkung von Antidepressiva. Ob und inwiefern dieses Boden-Mykobakterium (und vielleicht auch andere) zur Heilung von Körper und Seele beitragen könnte, wird weiterhin erforscht. Sollte es gelingen, ein Arzneimittel daraus herzustellen, könnte dieses im Boden lebende Bakterium dazu beitragen, PTBS, Schizophrenie und Depressionen auf natürlichere Weise zu behandeln. Bis es so weit ist, bleibt uns aber immer noch ein Spaziergang durch den Wald. Der Geruch der feuchten Erde. Ein tiefer, wohltuender Atemzug. Der Duft von Geosmin! Natürliche Heilstoffe aus dem Wald – jederzeit verfügbar und gratis noch dazu! ■

Ein Waldspaziergang, wie durch diesen Buchenwald im amerikanischen Virginia, mit Laub und weicher Erde unter den Füßen, erhellt das Gemüt.

Stelz- und Knieformen

Wurzeln verankern einen Baum im Boden. Die meisten treiben nach unten und nach außen, einige Arten aber haben ihre ganz eigenen Wurzelformen entwickelt – insbesondere in Regenwäldern und Sumpfgebieten, wo der Boden locker und durchnässt ist und die Wurzeln unter Wasser wachsen. Um sich im aufgeweichten Boden stabilisieren und Strömungen trotzen zu können, bringen einige Palm- und Mangrovenarten sogenannte Stelzwurzeln hervor – Stützen, die aus der Sprossachse senkrecht nach oben treiben. Andere entwickeln sogenannte Brettwurzeln – breite Streben um den Fuß des Stammes, die dann in den Boden greifen und lange »Anker« (Senkwurzeln) nach unten treiben. Am seltsamsten aber sind die Wurzelanpassungen, die bestimmte Zypressenarten ausbilden, darunter die Amerikanische Sumpfzypresse, die sogenannte Knieformen sprießen lässt: knorrige Auswüchse, die die Stammsäule umschließen.

Warum ist das so? Der französische Botaniker François André Michaux suchte als einer der Ersten nach einer Antwort. Unmittelbar nach der Amerikanischen Revolution wagte er sich hinein in die Zypressenwälder. Von seinem Heimatort Charleston (South Carolina) aus erkundete er viele Gebiete der Neuen Welt, von Kanada bis zu den Bahamas, von Berggipfeln bis zu Sumpfgebieten. Über die einzigartigen Knieformen der Amerikanischen Sumpfzypresse berichtete Michaux: »Für deren Existenz lässt sich kein Grund nennen.« Aber das hat die Wissenschaft seither nicht davon abgehalten, nach Erklärungen zu suchen.

In diesem Bayou (stehendes oder langsam fließendes Gewässer) im amerikanischen Louisiana weisen Zypressen komplexe Wurzelsysteme auf, darunter Stelz- und Knieformen.

Es müsse sich um Pneumatophoren handeln, wie man Mitte des 19. Jahrhunderts mutmaßte, um sogenannte Atemwurzeln (vom griechischen *pneuma* für »Luftstrom«). Mitte des 20. Jahrhunderts allerdings verwies ein Pflanzenphysiologe darauf, dass die Knieformen der Sumpfzypressen weder Lentizellen (Poren an der Oberfläche der Sprossachse) noch Aerenchyme (interne Gastransportzellen) aufweisen – beides typische Merkmale von Pneumatophoren. Andere vermuteten, sie dienen einem strukturspezifischen Zweck, um die Unterwasserwurzeln zu verstärken, doch eine Studie hat diese Theorie widerlegt. Auch giftiges Sumpfgas scheint nicht für die Knieformen der Sumpfzypresse verantwortlich zu sein, denn Messungen zeigten nur minimale Methanemissionen. Könnte es sein, dass die Zypressen Nährstoffe aus dem Wasser aufnehmen und an die Elternbäume zurückgeben? Oder speichern sie vielleicht Kohlenhydrate, die sie aus der Fotosynthese gewinnen, um sie für Stresssituationen vorrätig zu halten? Jede einzelne dieser Hypothesen wurde überprüft, und jede erwies sich als falsch, und so kehrten neuere Studien wieder zurück zur Pneumatophoren-Theorie. Die Wissenschaft forscht unermüdlich weiter. Und sie wird sich bestimmt nicht damit zufriedengeben, dass Knieformen der Sumpfzypresse »einfach nur so« vorhanden sind. ■

Angesichts der mächtigen Brettwurzeln dieses Kapokbaumes (»Baumwollbaum«) in Guayana wirkt selbst ein erwachsener Mann winzig.

Wurzeln auf blankem Fels

Wenn Bäume gesunde Böden mit Wasser, Nährstoffen, Bakterien und Pilzen brauchen – wie um alles in der Welt können sie dann sogar hoch oben auf einem Felsen wachsen? Die Kulisse ist dramatisch: schroffe Klippe, nackter Stein, kahler Vorsprung. Dort oben steht er – ein einsamer Baum, und trotzt den Elementen. Sicherlich kann der Fels nicht alles bieten, was der Baum braucht. Ein ideales Saatbett zur Keimung schon gar nicht. Doch es steht zu vermuten, dass dieser Baum nicht das erste Lebewesen dort oben auf dem Felsen war. Andere müssen ihm den Weg bereitet haben – wahrscheinlich Flechten und Moose.

Flechten sind faszinierende Doppelorganismen aus Pilzen und Algen: Während die Alge Fotosynthese betreibt und Kohlenhydrate bildet, liefern die Pilze den Algen Wasser sowie Nährsalze. Flechten können auf Böden, Baumrinden und Felsen wachsen. Bei Regen dehnen sie sich aus; ihre Pilzfäden (Filamente) schieben und hebeln sich in die Ritzen und Spalten des Gesteins hinein und schaffen so winzige Zugänge, von denen wiederum die Moose profitieren können.

Moose sind primitive Grünpflanzen. Sie betreiben Fotosynthese, vermehren sich aber über Sporen, die einzelligen evolutionären Vorläufer der Samen. Moose sind mit rund 12 000 Arten weltweit verbreitet, bedecken Felsen, Bäume und Waldböden. Sie stellen, wie die Flechten auch, nur bescheidene Ansprüche an ihren Lebensraum, können ebenfalls in Felsspalten hineinwachsen, wo sie beim Absterben organische Reste hinterlassen.

Im Gooseberry Falls State Park in Minnesota, USA, fassen Baumwurzeln Fuß, scheinen über die Felsen am Hang hinaus zu fließen.

Auf dieses Substrat fällt dann vielleicht der Samen eines Baumes. Eine Keimwurzel (*Radicula*) treibt aus, die sich zur Hauptwurzel entwickelt, und die es irgendwie schafft, die winzigen Bodenreste zu finden, die Flechten und Moose, Wind und Regen in den Spalten bereitet haben. Wie dies funktioniert, erhellt ein kürzlich durchgeführtes Experiment: Verglichen wurde das Wurzelmuster einer gewöhnliche Reissorte mit einer mutanten Sorte, die so manipuliert war, dass sie gerade, tief wachsende Wurzeln ausbildete. Die Forscher verfolgten, wie die beiden Wurzelsysteme sich ihre Wege durch den felsigen Grund suchten. Die Wurzelspitzen der natürlichen Reissorte drehten und wanden sich, bohrten sich wie ein Korkenzieher tiefer und schneller durch den Boden als die mutante Sorte.

In gleicher Weise kann ein Baumsamen, sofern er auf einem Felsen mit den genau richtigen Bedingungen landet, den Weg zu Wasser, Nährstoffen und organischer Substanz finden und sein Leben an diesem so unwirtlichen Ort behaupten. ■

GEGENÜBER: Im Olympic National Park in Washington, USA, krallen sich Bäume in steinigen Boden.

OBEN: Im Nordwesten von Schottland meißeln Flechten Spalten in Felsen, in die hinein Bäume ihre Wurzeln treiben.

Vom Baum zum Haus

Aus Bäumen entstanden die ersten Werkzeuge der Zivilisation. Holz verrottet aber, Stein hingegen nicht – und allein deshalb bezeichnen wir die frühesten Tage der Menschheit als Steinzeit und nicht als Holzzeit. Und doch haben einige prähistorische hölzerne Artefakte die Jahrtausende überdauert und zeigen uns heute, wie wichtig und unabdingbar dieses Material immer schon war.

Mehrere Holzspeere – einer aus Großbritannien und neun aus Deutschland – konkurrieren um den Titel als die ältesten erhaltenen Holzartefakte der Menschheitsgeschichte. Von der Rinde befreit und mit Steinen behauen, bezeugen die Funde, dass Holz schon vor sehr langer Zeit verarbeitet wurde. Der »Clacton Spear« wurde 1911 an der Ostküste Großbritanniens entdeckt, eingeschlossen in steinernes Sediment aus dem Pleistozän, als Gletscher einen Großteil der Erde bedeckten. Am einen Ende breit und rau, am anderen zugespitzt und glatt, wurde diese knapp 40 Zentimeter lange Lanze aus Eibenholz wohl in der Zeit der Wollmammute und Säbelzahntiger zur Jagd genutzt und ist 400 000 Jahre alt. 300 000 Jahre alte steinzeitliche Waffen, die »Schöninger Speere«, wurden 1995 in einem Braunkohleabbaugebiet in Norddeutschland gefunden, aus Fichtenholz geschnitzt, mit beidseitig angespitzten Enden. Archäologen vermuten, dass sie als Wurfspeere bei der Jagd auf Kleinwild benutzt wurden oder um größere Tiere zusammenzutreiben. Im Laufe der Zeit begannen die Menschen, größere Holzstücke und sogar ganze Baumstämme zu bearbeiten. Beim »Kano van Pesse«,

Seit Jahrtausenden liefern Bäume Baustoff für unsere Häuser.
Diese uralten Hütten stehen im Schatten der italienischen Dolomiten.

einem drei Meter langen Einbaumboot aus Kiefernholz, das in den Niederlanden gefunden wurde, handelt es sich wahrscheinlich um ein Exemplar einer ganzen Flotte, die die Küste entlang schipperte. Mit einem Alter von etwa 10 000 Jahren gilt es als das älteste Boot der Welt.

Ein weiteres Artefakt aus Holz tauchte in einem Torfmoor im russischen Uralgebirge auf. Die 1890 entdeckten geschnitzten und verzierten Lärchenholzstücke deuten auf eine gut fünf Meter hohe Skulptur hin – eine schlanke Figur mit acht Gesichtern, etwa 12 500 Jahre alt, wie auch die unweit davon entdeckten Höhlenmalereien. Das sogenannte »Holz-Idol aus dem Shigir-Moor« ist die älteste bislang gefundene monumentale Holzskulptur.

Erste Hinweise auf die Verwendung von Holz zu architektonischen Zwecken reichen fast genauso weit zurück. In China sind hölzerne Relikte von Pfahlbauten erhalten, erbaut von den Hemudu, einem Volk aus der Jungsteinzeit. Und in Tschechien wurde im Rahmen von Bauarbeiten bei einem Autobahnprojekt 2018 eine Brunnenverkleidung aus Eichenbohlen mit Nut-Feder-Verbindungen zutage gefördert, gänzlich unversehrt, sodass das Holz mithilfe einer Jahresringanalyse auf etwa 5255 v. Chr. datiert werden konnte.

Moderne Stahlträger verstärken die Mauern im ältesten bekannten Holzbauwerk, dem Grabmal des Königs Midas, das im 8. Jahrhundert v. Chr. in Phrygien (heute Türkei) unterirdisch errichtet wurde.

Während die meisten frühen Kunsthandwerker lokale Holzsorten verwendeten, ließen die Wohlhabenden schon damals ausgewählte Hölzer aus fernen Landen herbeischaffen. Der Hieroglyphentext auf dem »Palermo-Stein« aus dem 25. Jahrhundert v. Chr. erwähnt Schiffe, die Holz aus dem Libanon für Pharao Snefru heranfuhren, der im alten Ägypten von 2575 bis 2465 v. Chr. regierte.

In der türkischen Provinz Ankara liegt unter einem gewaltigen, von Menschenhand geschaffenen Hügel Gordion, die Hauptstadt der phrygischen Kultur, die Kleinasien vom 12. bis zum 7. Jahrhundert v. Chr. prägte. Hier dominieren etwa 120 Hügelgräber (Tumuli) die Landschaft, und das monumentalste unter ihnen beherbergt das älteste Holzgebäude der Welt. Im knapp 55 Meter hohen »Tumulus MM« (für »Midas Mound«, Midas-Grab) gibt es eine Kammer aus Wacholder-, Kiefern- sowie Zedernholz, die 1957 vollkommen unversehrt freigelegt wurde. Darin ruhten die Überreste eines Königs, den Archäologen heute als den Vater von Midas identifizieren, dem obersten Herrscher über das phrygische Reich im 8. Jahrhundert v. Chr.

Bäume haben uns Menschen geholfen, uns zu ernähren und Behausungen zu bauen, politische Macht zum Ausdruck zu bringen und unsere Toten zu bestatten. Die Verwendung von Holz zieht sich durch alle Epochen der Menschheitsgeschichte. Und wir verwenden diesen Baustoff der Bäume bis heute. Im Jahr 2019 wurden mehr als 600 Millionen Kubikmeter Holz auf dem internationalen Markt gehandelt (nicht eingerechnet das Holz zur Herstellung von Papier und anderen Zellstoffprodukten). Wir setzen den Nutzen von Holz als selbstverständlich voraus, doch ein Blick in die Vergangenheit erinnert uns daran, welch große Mengen davon uns die Wälder schon geschenkt haben. ■

GEGENÜBER: Diese Holzstücke, in vier Metern Tiefe in einem Torfmoor in Russland entdeckt, fügen sich zum gut fünf Meter hohen »Holz-Idol aus dem Shigir-Moor« zusammen.

OBEN: Der »Clacton Spear«, 1911 an der Ostküste Großbritanniens gefunden, ist vermutlich das älteste Holzartefakt der Welt.

BERÜHMTE BÄUME

BÄUME, DIE TEMPEL STÜTZEN

Wie riesige Säulen aus flüssigem Wachs umschließen die Wurzeln von Würgefeigen und Kapokbäumen die Tempelanlage Ta Prohm in Kambodscha. Der Tempelkomplex, erbaut in der Zeit des Großreiches der Khmer, das vom 9. bis 15. Jahrhundert bestand, beherbergte einst Tausende von Menschen, die dort lebten, beteten und Prajñāpāramitā huldigten, der Verkörperung der vollkommenen Weisheit.

Heute regiert dort die Natur. Seit Jahrhunderten greifen Würgefeigen nach diesen alten Mauern, die ohne diese mächtigen Wurzeln wohl längst zusammengefallen wären. Und wären da nicht ein paar visionäre Archäologen gewesen, hätte man die Wurzelschlingen wohl allesamt beseitigt, wie es im 20. Jahrhundert im nur wenige Kilometer entfernten Angkor Wat geschah, einer weiteren riesigen Tempelanlage, die als das größte religiöse Bauensemble der Welt gilt.

Die Restaurierung der beeindruckenden Bauten von Ta Prohm begann 1907 unter Leitung französischer Archäologen. Unter der Herrschaft der Roten Khmer endeten die Arbeiten abrupt, wurden in den 1990er-Jahren aber wieder aufgenommen. Und nachdem man immer mehr alte Tempelmauern und Skulpturen vom dichten Wurzelgeflecht befreit hatte, das sich um alles geschlungen hatte, kam man überein, die Bäume an Ort und Stelle zu belassen. Inzwischen haben Studien belegt, dass der feste Klammergriff der Bäume die alten Ruinen tatsächlich stützt und sie vor Einsturz bewahrt. Die Bäume, sagt Ros Borath, stellvertretender Direktor der kambodschanischen Denkmalschutzbehörde, sind ebenso Teil der Geschichte wie die Bauten, die sie umschlingen: »Sie sind Teil des nationalen Gedächtnisses.« ■

Nahe Angkor Wat in Kambodscha umschlingen die Wurzeln von Würgefeigen die Tempel Ta Prohms – und stützen sie damit auch.

KAPITEL DREI

WASSER

Bäume spielen eine wichtige Rolle im großen Kreislauf des Wassers auf unserem Planeten.

Wasser aufnehmen – Wasser abgeben

Im Stamm eines jeden lebenden Baumes bewegen sich Wasser und Nährstoffe durch ein Kreislaufsystem, das den Lebenssaft transportiert, den jeder Baum zum Gedeihen braucht. Das Wasser steigt von unten nach oben auf, die mittels Fotosynthese gewonnene Nahrung fließt nach unten zurück und verteilt sich auch lateral. All dies erfolgt durch die Kompartimentierung der Transportzellen in zwei voneinander getrennten Systemen (Phloem und Xylem).

Um diesen Prozess besser zu verstehen, hilft ein vereinfachtes Bild: Man stelle sich einen Kreis vor, den Umfang eines Baumstammes im Querschnitt, mit drei konzentrischen Bereichen von außen nach innen. Außen die schützende Rinde. Dann das Phloem, eine spezialisierte Leitbahn, über die lebende aktive Phloem-Zellen den Zucker aus den Blättern transportieren, der dort durch Fotosynthese gebildet wurde. Gleich daneben der Holzteil, die Wasserleitbahn, auch Xylem genannt. Abgestorbene Zellen reihen sich hier röhrenartig aneinander und leiten das Wasser von den Wurzeln über den Spross direkt in die Blätter. In diesen drei Bereichen findet das Baumwachstum statt. Das Innere des Querschnitts – alles, was wir als Holz kennen, einschließlich des von Schnitzern und Schreinern hochgeschätzten Kernholzes – bildet eine dichte Ansammlung abgestorbener Xylem-Zellen, die nicht mehr als Transportzellen dienen.

GEGENÜBER: An den Westhängen der Anden in Ecuador umschmeichelt Nebel die Wipfel des Regenwaldes.

VORHERGEHENDE DOPPELSEITE: Am Lake Wānaka in Neuseeland senkt mitten im See eine einsame Weide ihr Geäst nieder. 2020 wurden die untersten Äste abgesägt, doch dem Baum konnte das nichts anhaben. Er steht bis heute.

Feine Wurzelspitzen nehmen Feuchtigkeit aus dem mit Nährstoffen angereicherten Boden auf, wodurch Wasser in die Xylem-Zellen gelangt. Gleichzeitig, am anderen Ende des Gefäßsystems, tritt das Wasser über winzige Blattporen aus, verdunstet in die Atmosphäre (Transpiration) und erzeugt so innerhalb der Pflanze einen Sog nach oben. Das Wasser bewegt sich also hinauf zur Baumkrone, durch das Blattwerk und wieder hinaus, während es auf seinem Weg die Zellen mit Wasser und Nährstoffen versorgt. Einige »Baum-Umarmer« sagen, dass sie dieses Strömen wirklich auch von außen spüren und wahrnehmen können.

Die Fotosynthese findet in den Blättern statt. Bei Sonneneinstrahlung nehmen Laub oder Nadeln Kohlenstoffdioxid aus der Atmosphäre sowie Wasser aus dem Boden auf und setzen daraus etwas Neues zusammen: Glucose (Zucker) und Sauerstoff. Der größte Teil des Sauerstoffes wird freigesetzt, während die Pflanze die Glucose nutzt, um zu wachsen. Die zuckerhaltigen Säfte fließen nach unten sowie lateral und versorgen die Zellen mit Nährstoffen. Bisweilen wird der Zucker in Speicherzellen der Baumwurzeln eingelagert, insbesondere bei Baumarten, die eisige Winter überstehen müssen. ■

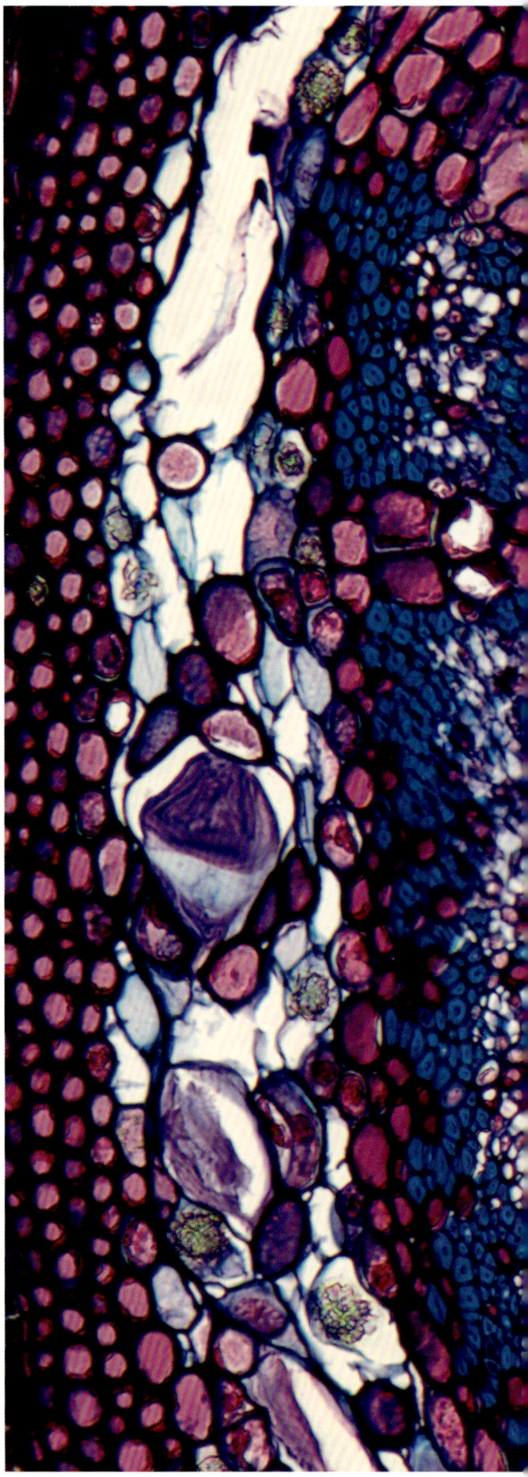

Dieser Querschnitt eines Lindenbaumes zeigt die Zellen, durch die Wasser und Nährstoffe nach oben und unten transportiert werden.

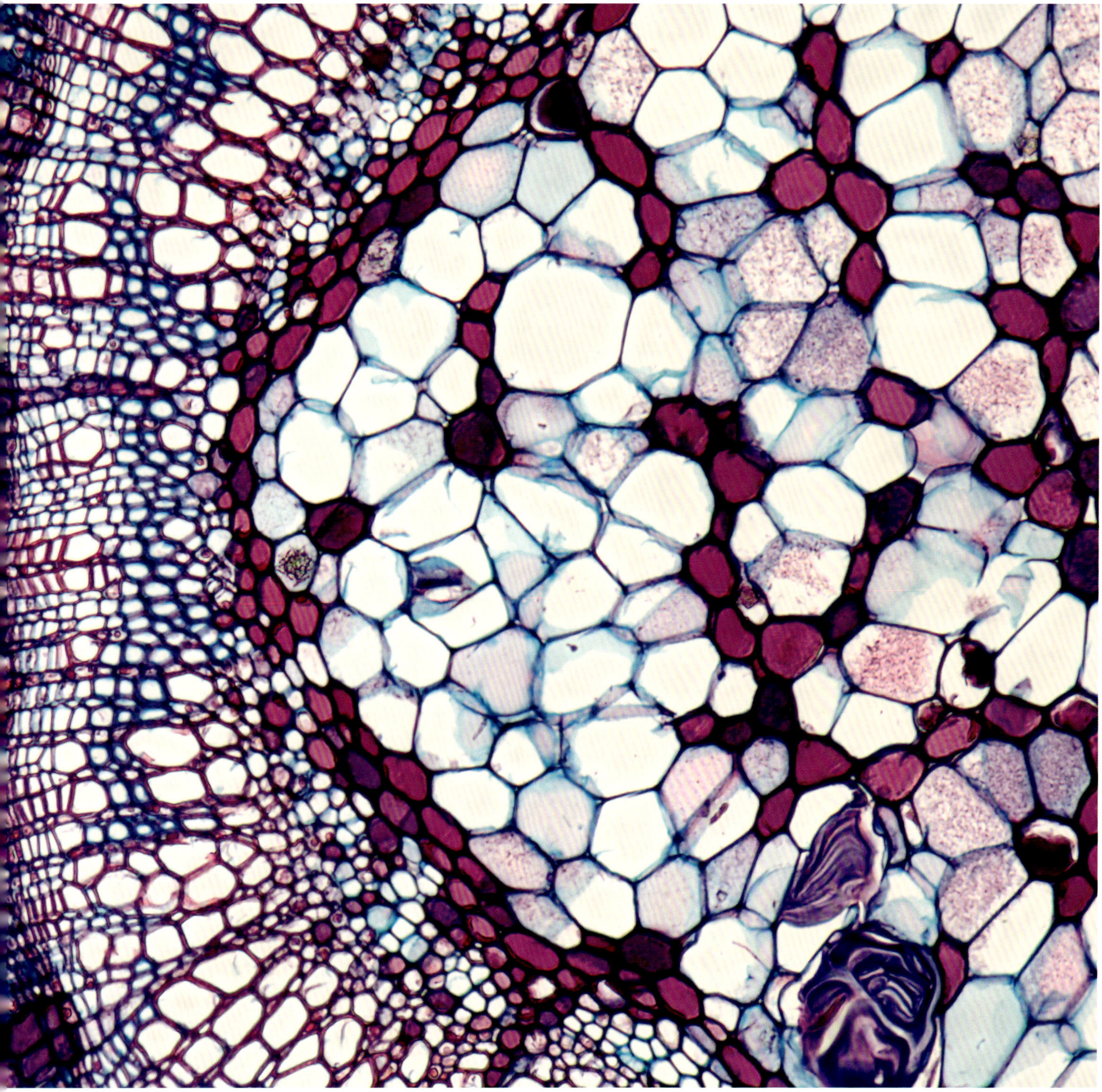

Süße Säfte

In gemäßigten Breiten rund um die Welt wissen die Menschen, wann es an der Zeit ist, süßen Saft aus den Bäumen zu zapfen. Der Winter war trist und lang, die Tage und Nächte waren bitterkalt. Die kahlen Äste wirken alles andere als lebendig. Doch dann, nach der Wintersonnenwende, beginnt die Sonne, kaum merklich, wieder höher zu steigen, der Himmelsmitte entgegen. Die Luft wird wärmer. Zumindest tagsüber steigen die Temperaturen über null. Jetzt ist der Moment gekommen.

Jedes Jahr aufs Neue erborgen wir etwas vom fließenden Saft der Bäume, sobald wir sie anzapfen. Das Wurzelsystem lagert den Zucker über den Winter ein, um den austreibenden Knospen im Frühjahr die nötige Nahrung zu liefern, bevor in den Blättern die Fotosynthese beginnt. In dieser kostbaren kurzen Zeit fließt der süße Saft, drängt mit den wärmer werdenden Temperaturen im Inneren des Baumes nach oben. Um ihn aufzufangen, sticht man die Baumrinde an und hängt einen Eimer darunter. Kocht man den Saft ein, bis ein Großteil des Wassers verdampft ist, bleibt am Ende ein konzentrierter Zuckersirup übrig. Für einen Liter industriell hergestellten Sirup werden durchschnittlich 40 Liter Baumsaft benötigt.

Die Zuckerahorn-Bäume im Nordosten Kanadas und in den Vereinigten Staaten sind die weltweit bekanntesten Sirup-Quellen, aber auch andere Bäume lassen sich anzapfen: Koreaner trinken den Saft eines einheimischen Ahorns vor allem im Frühjahr, als Tonikum zur inneren Stärkung, sie dicken ihn aber auch gerne zu Sirup ein.

In New Hampshire, USA, wird der Saft der Zuckerahorn-Bäume im Frühjahr in Deckeleimern aus Metall gesammelt.

»Ahornbäume haben sehr viel feinfühligere Antennen, den nahenden Frühling zu erspüren, als wir Menschen.«

ROBIN WALL KIMMERER,
Braiding Sweetgrass

Ahornsirup schmeckt nicht nur lecker, sondern hat auch gesunde Inhaltsstoffe. Im Rahmen einer Studie des Canadian Forest Service wurden 24 verschiedene Antioxidantien im Ahornsirup nachgewiesen. Diese komplexe Mixtur gesundheitsfördernder Komponenten, so hieß es abschließend, könne den »ungesund hohen Zuckergehalt wieder aufwiegen«. Weitere Laboruntersuchungen lassen vermuten, dass die Inhaltsstoffe des Sirups den Cholesterinspiegel, die Blutfettwerte wie auch den Blutzuckerspiegel senken sowie das Wachstum von Darmkrebszellen verlangsamen können. Doch bis es so weit ist, dass Ahornsirup wissenschaftlich fundiert als Heilmittel gegen Krebs eingesetzt werden kann, bleibt den Forschern noch viel zu tun. Inzwischen gilt: Einfach genießen! ■

Farbe und Geschmack von Ahornsirup hängen davon ab, wie lange der Baumsaft eingekocht wird. Alle diese Sirupe stammen von der gleichen Plantage.

Magische Mangroven

Mangrovenwälder säumen die Küsten rund um die Welt – von Baja California bis in den Südosten Brasiliens, vom Roten Meer bis Südafrika, von der Westküste Indiens bis zur Ostküste Australiens – und vor allem überall in Malaysia und im indopazifischen Raum. Kurzum: Ein großer Teil aller tropischen Küsten ist von Mangroven gesäumt.

Wo Meer und Land aufeinandertreffen, auf schlammigem Boden, schlagen die Mangroven Wurzeln. Mehr als 50 Arten sind unter der Bezeichnung Mangrove zusammengefasst, gruppiert nach markanten Wachstumsgewohnheiten und genetischer Verwandtschaft. Dort, wo sie leben, sind sie dem Wechsel der Gezeiten ausgesetzt, mit Wasserständen, die mal so hoch sind, dass sie die halbe Pflanze unter Wasser setzen, und mal so niedrig, dass die Wurzeln im Trockenen liegen. Sie werden von Meerwasser umspült, dessen Salzgehalt so hoch ist, dass es so gut wie jeden anderen Baum abtöten würde, der dort zu wurzeln versucht. Doch diese Überlebenskünstler haben Mittel und Wege entwickelt, um entweder ihre Zellen gegen das Eindringen von Salz zu verschließen oder das Salz in speziellen Organen zu binden und so den restlichen Organismus zu schützen.

Dank ihres verzweigten Wurzelsystems können sich Mangroven im losen Sediment in alle Richtungen fest verankern. Stelz- und Brettwurzeln ragen auf wie stützende Gerüste, an die sich wiederum Schnecken, Anemonen, Seepocken und andere kleine Lebewesen klammern.

Mangroven sind ein wertvoller Schutz für Küsten und Tiere, so auch hier im South Water Caye Marine Reserve in Belize.

»Ein Ding von Schönheit ist ein Glück für immer: Es nimmt noch zu an Liebreiz; es wird nimmer ins Nichts vergehn.«

JOHN KEATS,
Endymion

Das Mangroven-Wurzelreich bietet auch vielen tierischen Meeresbewohnern eine sichere Kinderstube. Der schillernde Regenbogen-Papageifisch etwa verbringt seine Zeit als Jungfisch tief zwischen den Wurzeln. Ohne Mangrovenwälder, so pflegen Ökologen zu sagen, gäbe es keinen Regenbogen-Papageifisch – und ohne Regenbogen-Papageifische, die Algen von Korallenbänken weiden und sie so sauber halten, würden die Riffe schwinden.

Auch zahllose andere Tiere sind in den Mangrovenwäldern zu Hause. Die Mangroven-Baumkrabbe, die in den tropischen Regionen des amerikanischen Kontinents entlang der Küsten des Atlantiks, des Pazifiks und der Karibik hei-

Mangroven bedecken die verschlungenen Wasserwege vor der Küste von Phang-nga in Thailand.

misch ist, ist eine der wenigen Arten, die sich durch die dichten Mangroven leicht bewegen kann. Auch große artenreiche Vogelpopulationen haben in den Mangrovenwäldern ihren Lebensraum – manche auf ihrem Zugweg, andere das ganze Jahr über. Schätzungen zufolge ziehen mehr als 250 Arten entlang der Mangrovengebiete an der Pazifikküste im nördlichen Mittelamerika. Der Mangroven-Kolibri (Mangrovenamazilie), eine in Costa Rica heimische und stark gefährdete Art, ernährt sich ausschließlich vom Nektar einer bestimmten Mangrovenart, die heute zunehmend selbst vom Aussterben bedroht ist.

Mangrovenwälder sind aber nicht nur für die Lebewesen, die direkt von diesem einzigartigen Ökosystem abhängen, von unschätzbarem Wert, sondern auch für uns Menschen. Sie tragen als Unterwasser-Kinderstuben zum Erhalt der Fischgründe bei. Sie verringern als mächtige Puffer zwischen Meer und Land die Erosion, stabilisieren die Küstenlinien und wirken als natürliche Barriere gegen Stürme und Tsunamis. Wie man inzwischen weiß, speichern sie außerdem vier Mal so viel Kohlenstoff pro Jahr wie tropische Regenwälder. Ihre Wurzelsysteme wirken wie Siebe, die Schadstoffe aus Flüssen herausfiltern, bevor sie das Meer erreichen.

Wie wichtig es ist, natürliche Küstenlinien zu erhalten, anstatt sie für Hausbau und touristische Infrastruktur zu roden, haben mittlerweile auch kluge umweltbewusste Ökonomen erkannt. Eine Studie des Meeresforschungsinstituts Scripps Institution of Oceanography untersuchte die wirtschaftliche Sinnhaftigkeit von Rodungen der Mangrovenwälder zur baulichen Erschließung entlang der mexikanischen Pazifikküste. Das Ergebnis: Gerodeter Grund und Boden erbringt im Verkauf 1000 US-Dollar pro Hektar. Blieben die Mangroven jedoch erhalten, könnte der Fischfang in der Region 37 500 US-Dollar pro Hektar und Jahr einbringen. Auf 30 Jahre gerechnet, so sagen Forscher, würde der Erhalt dieser mit Mangroven bestandenen Küstenlinie mehr als 600 000 US-Dollar pro Hektar einbringen. ■

Die Mangrovenamazilie (*Amazilia boucardi*) kommt ausschließlich in den Mangroven der Pazifikküste Costa Ricas vor, wo sie süßen Nektar in den Blüten der Teemangrove sucht.

Versunkene Wälder

Im September 2004, als Hurrikan Ivan über den Südosten der USA hinwegfegte, veränderte er nicht nur die Landschaft an der Küste und darüber hinaus, sondern schlug auch unter Wasser eine Schneise der Verwüstung. Aus etwa 20 Metern Tiefe tauchte ein ganzer Zypressenwald mitten im treibenden Schutt auf, der bis dahin verdeckt gewesen war. Eine Holzanalyse von einem der versunkenen Bäume datierte das Alter des Waldes, der damals die Küste gesäumt hatte, auf 50 000 bis 60 000 Jahre.

Im Laufe der Erdgeschichte stieg und sank der Meeresspiegel, und auch die Formen der Kontinente änderten sich. Dieser versunkene Wald, vermutlich bestehend aus Abertausenden von knorrigen Zypressen, stand einst oberhalb der Wasserlinie. Diese Bäume leben schon lange nicht mehr, verrottet sind sie aber auch nicht. Da sie von Natur aus resistent gegen Fäulnis sind, blieben sie in der sauerstoffarmen Unterwasserumgebung vollständig erhalten. Ihr Überdauern liefert uns Wissen über die Form der Landmassen im Eiszeitalter vor 60 000 Jahren.

Auf der anderen Seite der Welt, auf der neuseeländischen Nordinsel, erzählen versunkene Bäume, die aus Torfmooren geborgen wurden, ein anderes Stück Geschichte. Einige dieser Bäume, die Sumpf-Kauri, prägten gut 2000 Jahre lang stolz die Landschaft, bevor sie im Wasser versanken. Vom anaeroben Schlamm vor dem Verrotten bewahrt, könnten manche von ihnen gut 60 000 Jahre alt sein. Diese uralten Baumstämme kamen zutage, als das Land für den Bau von Farmen und Häusern erschlossen wurde. Baumringanalysen dieser Exemplare erweiterten

Im neuseeländischen Ngawha ragt ein uralter Kauri-Baumstamm, wahrscheinlich sogar Hunderte von Jahrtausenden alt, aus Schwefelquellen empor.

»Wie melodiös die Wälder klingen!«

WILLIAM WORDSWORTH,
Peter Bell

den Blick der Wissenschaft auf das sich verändernde Klima der südlichen Hemisphäre um Jahrtausende. Das Holz wird hoch geschätzt, als Bauholz ebenso wie als Symbol der spirituellen Traditionen der Māori – konkurrierende Wertungen, die hier den geltenden staatlichen Vorschriften zum Abbau und Verkauf der Sumpf-Kauri zugrunde liegen.

Wälder rund um die Welt haben Geschichten zu erzählen, viele davon sind Hunderte von Jahren alt. Doch Wälder, die lange Zeit unter Wasser überdauert haben, bergen noch weit ältere Erinnerungen. Diese Urväter zeugen von einem Planeten, der ganz anders war als der, den wir heute kennen. Wir bringen sie ans Licht, erweisen ihnen Ehre und lernen. ■

Aus dem Bayano-Stausee in Panama, angelegt 1976 zur Erzeugung von Wasserkraft, bergen Taucher Amarillo- und Cumaru-Stämme als wertvolles Tropenholz.

BERÜHMTE BÄUME

DER GOTT DES WALDES

In der Region Northland in Neuseeland, nahe der Küste der Tasmanischen See, steht ein riesiger Kauri-Baum: »Tāne Mahuta«, benannt nach dem Māori-Gott des Waldes. Er ist das größte heute noch lebende Exemplar seiner Art und steht im Waipoua Forest, einem seit 1952 von der Regierung geschützten Naturreservat. Viele glauben, dass dieser Baum 2000 Jahre alt ist.

Doch in den letzten 200 Jahren hat dieser Baumriese das massenhafte Absterben seiner Artgenossen erlebt. Die Māori, die als Erste das einst unbewohnte Land besiedelten, vollzogen hier Rituale zum Dank für die Ernte von Kauri-Baumholz zum Bau ihrer Langboote. Später, Mitte des 18. Jahrhunderts, erkannten auch die Europäer den Wert dieses Holzes, beförderten mächtige Stämme über steile Hänge hinab und verarbeiteten sie zu Bauholz, Schiffsholz und Möbeln.

Heute gibt es nur noch wenige Kauri-Bäume. Sie werden von einem Pilz namens Kauri-Dieback bedroht, daher sollte, wer durch diese Wälder wandert, die Sohlen seiner Stiefel von Pilzsporen säubern. Viele engagieren sich für die Pflanzung neuer Kauri-Setzlinge, wohl wissend, dass erst künftige Generationen sich an der Pracht dieser langsam wachsenden Bäume erfreuen werden können.

Und so steht er da, der »Gott des Waldes«, durch alle Zeiten hindurch, erinnert still und stumm an die Ära vor der Ankunft der Menschen, als majestätische Kauri-Bäume jeden Hang und jedes Tal dieser Landschaft bedeckten. ■

GEGENÜBER: Im neuseeländischen Waipoua Forest erinnert»Tāne Mahuta« an lang vergangene Zeiten, als riesige Kauri-Bäume die Hänge dominierten.

FOLGENDE DOPPELSEITE: Eine Sumpfzypresse im Great Dismal Swamp in Virginia, USA, streckt sich in alle Richtungen – die Zweige nach oben, die Wurzeln nach unten.

Teil der Lösung

Als die Nationen der Welt 2015 zur UN-Klimakonferenz in Paris zusammenkamen, um ein globales Klimaschutzabkommen zu beschließen, war es das große Ziel, die globalen Wälder zur Begrenzung der globalen Erwärmung zu nutzen. Man veröffentlichte eine Erklärung, in der man die wichtige Rolle der Erhaltung und nachhaltigen Bewirtschaftung der Wälder anerkannte – im gemeinsamen Ziel, den gefährlichen Klimawandel aufzuhalten. Es wurde bekräftigt, wie wichtig die Förderung des mit diesen Ansätzen verbundenen Nutzens des Waldes über seine Funktion als Kohlenstoffspeicher hinaus ist.

Wissenschaftlich gesehen ergab dies Sinn: Erhöhte CO_2-Emissionen beschleunigen den sogenannten Treibhauseffekt, was zu steigenden Temperaturen an Land und im Meer führt, zu sich wandelnden Lebensräumen, zu häufigeren Extremwetterereignissen und zu Abschmelzungen von Polareis. Da Bäume Kohlendioxid aufnehmen und Sauerstoff sowie Wasserdampf abgeben – Prozesse, die den globalen Erwärmungstendenzen entgegenwirken können –, zielte man im Rahmen des Pariser Klimaabkommens (und in nachfolgenden Initiativen der Vereinten Nationen) auf eine natürliche Klimalösung ab, mit Blick auf eine dauerhafte nachhaltige Aufforstung der Waldflächen weltweit.

Mehr als 50 Länder entwickelten ihre eigenen Strategien, um aufzuforsten. In den folgenden zwei Jahren pflanzten Freiwillige über 100 Millionen Bäume in Indien und 350 Millionen in Äthiopien. Die Herausforderung wurde zum Wett-

In der indonesischen Provinz Aceh wogt Rauch durch die Wipfel der Bäume, die nach einer großflächigen Rodung zum Anlegen einer Palmplantage noch stehen geblieben sind.

»Die Regenwälder bergen Antworten auf Fragen, die wir noch gar nicht gestellt haben.«

MARK PLOTKIN (Ethnobotaniker),
Altes Sprichwort aus Surinam

bewerb. Freiwillige in der Türkei stellten 2019 einen Rekord auf: 303150 Setzlinge innerhalb einer Stunde wurden gepflanzt. Und in den USA setzte es sich The Nature Conservancy zum Ziel, eine Milliarde Bäume zu pflanzen.

Doch immer wieder wirkten Kräfte dagegen. Im Amazonas-Regenwald wurden Bäume gefällt, um Weideflächen für Rinder zu schaffen. In Malaysia und Indonesien mussten Regenwälder weichen, um die Anbauflächen für Ölpalmplantagen zu vergrößern. Und Ökologen mahnen, dass großflächige Aufforstungsbemühungen mit einer einzelnen, forstwirtschaftlich verwalteten Baumart nie den Effekt intakter Wälder mit einer Vielfalt an Arten reproduzieren können. Retten wir wirklich das Klima, indem wir Bäume pflanzen? Eine scheinbar simple Lösung, die so einfach aber gar nicht ist. ■

Im Amazonasgebiet in Brasilien markiert eine Straße harte Kontraste: Rechts grüner Regenwald, links verkohlte Überreste. Ein trister Beweis für die Rodung der Wälder zugunsten der Vieh- und Landwirtschaft.

Was ist Rinde?

Rinde ist die schützende Haut eines Baumes. Mit ihrem hohen Gehalt an Suberin, einer wasserabweisenden, korkähnlichen Substanz, verhindert sie, dass Witterung, Schadstoffe oder Schädlinge die Gesundheit des Baumes beeinträchtigen.

Wie im Querschnitt zu sehen, befindet sich im Inneren des Stammes das Kernholz, das aus abgestorbenen Zellen besteht. Es ist das Holz, das wir zur Baustoffgewinnung verwenden. Unter der Außenrinde liegt das Leitgewebe, bestehend aus Phloem (auch Innenrinde genannt) und Xylem: Phloem-Zellen leiten Sauerstoff und Zucker von den Blättern nach unten; Xylem-Zellen leiten Nährstoffe und Wasser von den Wurzeln nach oben. Dieser gesamte Prozess findet also direkt unter der Rinde statt.

Kratzt man mit dem Fingernagel an der feinen Haut eines jungen Zweiges, ist die innere Rinde (Phloem) schnell zu sehen. Sie besteht aus lebenden Zellen und unterscheidet sich in ihrem Charakter deutlich von der äußeren Rinde, die sie bedeckt, ebenso wie vom Holz weiter innen. Während der Baum wächst, entwickelt er eine neue lebende Schicht von Phloem-Zellen, die alte Schicht schält sich ab und wird zu Rinde.

Die Muster der Rinden sind so unterschiedlich wie die Form der Blätter, je nach Baumart: Die Rinde der Birke ist zartweiß schimmernd und dunkel gestreift; von der Rinde des Shagbark Hickory lösen sich große Schuppen ab; die Rinde einer Douglasie ist tief gefurcht und rötlich gefärbt. Passionierte Natur-

Ein alter Weidenbaum ist von knorriger Borke ummantelt. Diese äußere Rinde baut sich von innen auf und bricht nach außen hin ab; sie schützt die zarten lebenden Zellschichten darunter.

»Der Wald muss nicht nur verstanden, sondern auch gefühlt werden.«

JOAN MALOOF,
Gründerin des
Old-Growth Forest Network

kundler können Bäume allein anhand ihrer Rinde erkennen.

Im Laufe unserer Geschichte haben wir Menschen Rinde in unterschiedlichster Weise genutzt. Wir haben beispielsweise Körbe aus Birkenrinde geflochten, Zimtrinde zum Würzen von Speisen verwendet, Weidenrinde zum Heilen von Krankheiten genutzt – und vieles mehr.

Heute wissen wir, wie wir Rinde ernten, ohne den Baum zu schädigen. Kork – die äußere Stammborke der Korkeiche (*Quercus suber*), einer immergrünen Art, die vor allem in Spanien, Portugal und Nordafrika verbreitet ist – wird im Laufe eines ganzen Baumlebens von ein bis zwei Jahrhunderten nur bis zu 15-mal vorsichtig abgeschält.

In diesem Sinne: Ein Prosit auf den Baum, wenn wir das nächste Mal eine Weinflasche entkorken! ■

Um das Leben der Korkeichen hier im südlichen Spanien zu erhalten, wird ihre Korkschicht nur in bestimmten Abständen behutsam abgelöst.

Regen im Wald

Ja, es regnet tatsächlich in den Regenwäldern dieser Welt. Doch das ist nur ein Teil der Geschichte. In einem großen Gefüge zahlloser Wechselbeziehungen, das Pflanzen, Tiere und die Atmosphäre verbindet, erzeugen diese Wälder auch Niederschlag – ein Kreislauf, der diese Regionen für die Gesundheit des Planeten unverzichtbar macht.

Es regnet im Schnitt um die 1500 Milliliter pro Jahr im Regenwald. Im kühlen Nordwesten Nordamerikas und entlang der südwestlichen Küste Chiles finden sich die Regenwälder der gemäßigten Breiten. Die Regenwälder mit der größten biologischen Vielfalt, die tropischen Regenwälder, spannen sich wie ein grünes Band um die Mitte der Erdkugel, zwischen dem Nördlichen und dem Südlichen Wendekreis, etwa 2500 Kilometer nördlich und südlich des Äquators. Hier fällt das Sonnenlicht das ganze Jahr über annähernd senkrecht ein, mit nur wenigen jahreszeitlich bedingten Schwankungen im Lichtrhythmus, was Einstrahldauer und Lichtintensität anbelangt. Die überbordende Fülle an Leben, der ständig aktive Wasserkreislauf und die Bedeutung dieser Regionen für unseren gesamten Planeten sind erstaunlich.

Tropische Regenwälder haben eine einzigartige Struktur und sind von oben nach unten in vier Stockwerke gegliedert: Überständer (Dachgeschoss), Kronendach (Obergeschoss), Mittelgeschoss (untere Baumschicht), Erdgeschoss (Strauch- oder Krautschicht). Überragt wird das Kronendach von Baumriesen, die wie Inseln hoch aus dem Blättermeer herausragen. Im Mittelgeschoss finden

Der Indri, der größte Lemur der Welt, lebt ausschließlich im östlichen Regenwald von Madagaskar, hoch oben im Kronendach.

sich die hohen, relativ kahlen Stämme der Bäume und Lianen des Regenwaldes. Das meiste Geschehen findet im Kronendach und im Erdgeschoss statt. Im Kronendach verflechten sich die Blätter der Bäume und Lianen mit anderen Pflanzen zu einer verschlungenen grünen Masse, so dicht, dass kaum ein Sonnenstrahl in das Geschoss darunter dringt. Hier wimmelt es von Leben: Insekten, Vögel und Säugetiere sind hier zu Hause, kriechen, springen, klettern und fliegen in den Baumwipfeln herum. Über die Hälfte aller Arten der Erde lebt im Regenwald, die meisten davon im dichten Blätterdach.

Das Kronendach ist dem Regen direkt ausgesetzt. Die Blätter tropischer Bäume sind oft wachsartig und spitzförmig, um das Wasser zügig abzuleiten. Einer Schätzung zufolge braucht ein Regentropfen dennoch gute zehn Minuten, um es vom Kronendach ins Erdgeschoss zu schaffen, weil er unterwegs auf so vielen Blättern landet.

Das ganze Jahr hindurch lassen die Bäume Blätter, Blüten und Früchte fallen und schaffen so ein Bett aus verrottender organischer Materie. Auch wenn das Tierleben am Waldboden nicht ganz so laut und auffällig ist, krabbeln und wuseln hier Nager, Würmer und Insekten durch den Humus, der vom Dung all der darüber fliegenden

Im Daintree-Nationalpark im australischen Queensland erstrahlen die Wipfel der Fächerpalmen im Sonnenlicht wie ein Buntglasfenster.

und kletternden Lebewesen reichlich mit Nährstoffen angereichert wird. Auch Pilze und Bakterien gedeihen hier.

Das Wasser, das im Xylem vom Boden nach oben bis in die Spitzen fließt, transportiert die durch organischen Zerfall freigesetzten Nährstoffe. Durch Druckunterschiede bis hinauf zum Kronendach und den Überständern gezogen, tritt das Wasser dort als Dampf wieder aus den Blättern aus. Der gesamte Wald atmet dampfend aus, erzeugt mitunter sogar eigene Wolken, die dann in den hohen Wipfeln hängen.

In den Zellen jedes einzelnen Blattes findet Fotosynthese statt. Wasser und Kohlendioxid werden, angetrieben vom Sonnenlicht, in nährenden Zucker umgewandelt – und in Sauerstoff, der in die Atmosphäre abgegeben wird. Insofern erfüllen alle Wälder eine zweifache Aufgabe für den Planeten: Sie binden Kohlenstoff aus der Atmosphäre und geben Sauerstoff ab – Prozesse, die für das ökologische Gleichgewicht des Planeten enorm wichtig sind. Wegen ihrer schieren Größe gelten die Regenwälder als die »grüne Lunge« unserer Erde.

Doch die tropischen Regenwälder sind bedroht. Plantagenlandwirtschaft, Viehzucht, Holzschlag, Straßenbau und andere Arten der kommerziellen Nutzung führen dazu, dass Bäume massiv abgeholzt werden. Geschwächte Wälder fangen leicht Feuer, was ihre Zerstörung weiter verschlimmert. Es steht zu befürchten, dass unsere Regenwälder eines Tages so stark dezimiert sein werden, dass der Planet nicht mehr atmen kann.

Ein Ausweg aus dieser Todesspirale? Schon kleine Entscheidungen in unserem Konsumverhalten können dabei helfen, die Zerstörung zu verringern: Indem wir beispielsweise keine mit Palmöl hergestellten Lebensmittel kaufen, von Bäumen, die auf Plantagen gezogen wurden; indem wir kein Rindfleisch aus Massentierhaltung essen, für die Regenwald gerodet wurde; oder indem wir auf Produkte aus Tropenhölzern wie Mahagoni, Palisander, Teak und Co verzichten. ■

Rund 2500 Arten von Ranken, Schlingpflanzen und Lianen leben in den tropischen Regenwäldern der Welt und vergrößern die riesige, fotosynthetisch aktive Blattfläche.

Bäume des Friedens

Im Jahr 2004 ging der Friedensnobelpreis an Wangari Muta Maathai, eine Kenianerin, die den Wert des Pflanzens von Bäumen erkannt hat. Die 1940 nördlich von Nairobi geborene Maathai beobachtete im Laufe der Zeit, wie die Frauen in ihrem Dorf immer härter arbeiten mussten, um ihre Gärten zu bebauen, und immer weitere Strecken gehen mussten, um sauberes Wasser zu holen. Britische Kolonialisten hatten das Land der einheimischen Bäume beraubt und fremde Arten angepflanzt, um Tee und Nutzholz zu gewinnen. Die heimische Fauna wurde durcheinandergebracht, die Böden wurden ausgezehrt. Wo einst Regenwasser durch Einsickern das Grundwasser erneuert hatte, floss es nun oberflächlich flussabwärts ab. Die alten Brunnen waren versiegt.

Maathai war eine Pionierin: eine der ersten afrikanischen Frauen, die einen Doktortitel erwarb, und die erste Frau, die einen Lehrstuhl an der University of Nairobi bekleidete, als Professorin für Veterinäranatomie. Das Pflanzen von Bäumen wurde zu ihrer Mission. Seit 1977 konnte sie Zehntausende Frauen in ganz Kenia mobilisieren, sich dieser großen Aktion anzuschließen. Ziel war es, 15 Millionen Bäume zu pflanzen, was der damaligen Bevölkerungszahl Kenias entsprach. Das Motto lautete entsprechend »Ein Baum pro Person«.

Aus diesem ehrgeizigen Ziel entwickelte sich das Green Belt Movement, eine Umweltorganisation, die Dorfgemeinschaften und insbesondere Frauen darin unterstützt, sich für die Umwelt zu engagieren. Die Teilnehmenden erkannten, dass sie durch Anpflanzung von Setzlingen und neuen Bäumen der Erosion ent-

»Mutter der Bäume«: Die Umweltschützerin Wangari Maathai erhielt 2004 als erste afrikanische Frau den Friedensnobelpreis. Sie motivierte Zehntausende dazu, in ihrem Heimatland Kenia Millionen von Bäumen zu pflanzen.

»Wir sind aufgerufen, die Wunden der Erde zu heilen, und damit auch unsere eigenen Wunden.«

WANGARI MAATHAI,
Dankesrede zur Verleihung des Friedensnobelpreises, 2004

gegenwirken, Regenwasser auffangen, Nahrung und Brennmaterial erzeugen und eine solide Basis für eine gesicherte Zukunft schaffen können. Bis zu ihrem Tod im Jahr 2011 hatte Maathai zur Pflanzung von mehr als 50 Millionen Bäumen inspiriert. Mit der Anerkennung ihrer Arbeit wurde erstmals der Friedensnobelpreis für den Einsatz im Umweltschutz vergeben, als ein bedeutsamer Richtungsweiser in eine bessere Zukunft.

Und Maathais Vision inspiriert bis heute. Bis 2030 soll eine Great Green Wall erschaffen werden, ein 8000 Kilometer langes grünes Band aus Bäumen, Sträuchern und Gräsern, quer über den ganzen afrikanischen Kontinent. ■

Seit 1977 zeigt das Green Belt Movement auf, wie wertvoll Bäume zum Schutz vor Erosion und zur Vermehrung von Grundwasser sind.

DIE GESCHICHTE DES AHORNS

Die Anishinaabe, eine indigene Ethnie in der Gegend der Großen Seen in Nordamerika, erzählen eine Legende vom Ahornbaum:

Vor langer Zeit, jahrein, jahraus, floss ein süßer, dicker Saft durch die Bäume; die Menschen klopften an einen Baum und labten sich von früh bis spät am süßen Sirup. Mutter Erde hielt dieses Geschenk ja für sie bereit. Ihr Enkelsohn aber fürchtete, dass das Siruptrinken das Leben zu einfach mache. Und er wollte nicht, dass sein Volk träge und faul wurde. Also flog er über die Baumwipfel und schüttete Wasser hernieder. Fortan kann der Saft des Ahorns nur zu einer bestimmten Zeit im Jahr gesammelt werden, und es erfordert viel Zeit und Geduld, ihn in süßen Sirup zu verwandeln.

Golden leuchtende Ahornbäume, wie dieser hier, tauchen die Landschaften Nordamerikas in schillernde Herbstfarben.

Anatomie eines Blattes

Unabhängig von ihrer Form – breit, flach und papierartig wie bei Eiche und Ahorn, steif und spitznadelig wie bei Kiefer und Fichte, locker gefiedert wie bei Palmen – Blätter sind die Energieumwandler schlechthin, das unermüdliche Kraftwerk der Natur, in dem die Fotosynthese stattfindet.

Auf zellulärer Ebene hat das typische Laubblatt einen Querschnitt mit verschiedenen Schichten. Die Kutikula schützt als dünne, wachsartige Schicht das Blatt vor Transpiration und somit vor Wasserverlust. Dann folgt die obere Epidermis, deren Zellen dicht beieinanderliegen und die folgenden Zellschichten schützen. Das darunterliegende Palisadengewebe enthält die meisten Chloroplasten, diese wiederum enthalten den Farbstoff Chlorophyll, der die Blätter grün erscheinen lässt und Licht absorbiert, den »Treibstoff« der Fotosynthese. Das darunterliegende Schwammgewebe besitzt relativ große Interzellularräume, was den Wasser- und Gasfluss erleichtert. Die untere Epidermis besitzt Schließzellen für die Spaltöffnungen. Sie wird wieder von einer Kutikula geschützt.

Wasser nimmt seinen Weg durch den Baumstamm nach oben in die Äste und von dort in die Blätter. Viele Blätter lassen ein fein geädertes Geflecht erkennen, durch das all das aufgenommene Wasser letztlich fließt. Gleichzeitig tritt Kohlendioxid in die Spaltöffnungen der Blätter ein – Sonnenlicht trifft auf die chlorophyllreichen Zellen – und das Wunder geschieht: Angetrieben von Sonnenlicht durchlaufen Wasser (H_2O) und Kohlendioxid (CO_2) einen chemischen

Die Blätter des Japanischen Ahorns besitzen markante Adern, als Ende des Weges des nährstoffreichen Wassers von den Wurzeln bis in die Krone.

»Zwischen jeweils zwei Kiefern gibt es eine Tür, die zu einer neuen Lebensweise führt.«

JOHN MUIR,
aus einer Sammlung von
Ralph Waldo Emerson

Umwandlungsprozess, bei dem sich die Moleküle neu anordnen, sodass der Sauerstoff durch die Spaltöffnungen austritt und kohlenstoffhaltige Zucker durch das Phloem zurückfließen. Dank dieses Vorgangs erneuert jeder Baum den Sauerstoffgehalt der Atmosphäre und erzeugt seine eigene Nahrung.

Das Sonnenlicht enthält alle Farben im sichtbaren Spektralbereich, das Chlorophyll aber reflektiert grünes Licht, sodass die Blätter grün erscheinen. In gemäßigten Klimazonen baut der Baum das Chlorophyll im Herbst ab, sodass nun andere Pigmente dominieren – Xanthophyll (gelb), Carotinoid (orange), Anthocyan (rot). Für eine kurze Zeit im Jahr, bevor der Baum in Winterruhe geht, erstrahlt der Wald in bunten Farben. ■

Auf der Unterseite eines Laubblattes ist das feine Netz der Adern gut erkennbar.

Wüstenbäume

Weihrauchbäume sprießen in trockenen Wadis im Oman. Affenbrotbäume überragen in Madagaskar karges Gestrüpp. Rote Eukalyptusbäume klammern sich an Felsen in Australien. Jeder dieser Wüstenbäume trotzt unwirtlichen Bedingungen, denen andere Spezies nicht trotzen könnten.

Eine jüngste Erhebung erfasste insgesamt 1576 Baumarten in den Trockengebieten der Welt – an Orten mit weniger als 400 Millilitern Niederschlag pro Jahr. Fast die Hälfte davon finden sich auf Madagaskar oder in Australien, und mehr als ein Viertel gehört zur Familie der Hülsenfrüchtler (*Leguminosen*). Ihnen gemeinsam sind tiefreichende Wurzeln, dornige Stämme und stachelige Äste, harzig-klebrige Knospen, gefiederte Blätter sowie robuste Samenschoten. Diese Anpassungen befähigen die Bäume vermutlich, selbst unter trockensten Bedingungen zu überleben.

Mehr als 200 dieser Wüstenbäume sind Akazien, die auf allen Kontinenten außer in der Antarktis vorkommen. Einige Akazienarten sind berühmt für ihr Harz, den klebrigen Milchsaft, der austritt, wenn die Rinde dieser Bäume verletzt wird. Akaziengummi (auch *Gummi arabicum* genannt) wird seit Jahrtausenden aus den Akazienbäumen gewonnen und ist die älteste bekannte Gummiart. Es dient als natürlicher Grundstoff zur Herstellung von Kaugummi und anderen Süßigkeiten, wird aber auch als Probiotikum sehr geschätzt. Zudem kommt es aufgrund seiner klebrigen Textur in Klebstoffen, Farben und anderen Produkten zum Einsatz.

Nahe Morondava auf Madagaskar säumen gigantische Bäume mit hohen, hartfaserigen Stämmen zum Schutz gegen lange Trockenperioden die sogenannte »Baobaballee«.

Zudem gehören Akazien zu den ersten wissenschaftlich belegten Beispielen für eine Kommunikation von Bäumen untereinander. Giraffen fressen die Blätter des Schirmdornbaumes, einer struppigen Akazienart, die vom Sudan bis Südafrika heimisch ist. Die Bäume reagieren darauf auf zweierlei Weise: zum einen entwickeln die Blätter schnell einen Bitterstoff, der sie ungenießbar macht, zum anderen setzt der Baum das Pflanzenhormon Ethen frei, das sich über die Luft verbreitet und Nachbarbäume warnt, die dann umgehend ebenfalls Bitterstoffe bilden, um die Giraffen fernzuhalten.

Die Akazienart *Acacia hindsii* wiederum geht eine symbiotische Beziehung mit der Ameisenart *Pseudomyrmex ferrugineus* ein und stellt den Tieren protein- und fettreiche Futterkörperchen als Nahrung zur Verfügung. Die Akazie bietet den Ameisen auch Unterkünfte an, in Form von Hohlräumen in den Dornen. Im Gegenzug machen sich die Ameisen nützlich und verteidigen ihre Wirtspflanze als wuselnde Schutzpatrouille gegen Fressfeinde. Einige Studien deuten darauf hin, dass die Ameisen auf ihrem Weg hinauf und hinab außerdem nützliche Mikroorganismen verteilen, die den Bäumen dabei helfen, Krankheiten abzuwehren. ■

Im Serengeti Nationalpark in Tansania tut sich eine Giraffe an einer Akazie gütlich. Der Baum verbreitet Botenstoffe über die Luft, um die Nachbarbäume zu warnen, sodass sie Bitterstoffe produzieren, um Fressfeinde fernzuhalten.

BERÜHMTE BÄUME

DER BAUM AUS DER TRAUMZEIT

Für die Nyikina, ein Ureinwohnervolk in der australischen Wüste, leben im »Larrakadi«, dem Baobab-Baum, der Traum – der Beginn der Zeit – und viele andere Naturphänomene. Einer Legende zufolge ist der Baobab-Baum in Wirklichkeit das Skelett einer Urschlange; einer anderen zufolge sammelte sich in ihm einst alles Wasser, bis ein Sandfrosch den Baum annagte und die Flüsse und Bäche neu befüllt wurden.

Tatsächlich gibt es im australischen Outback sehr praktische Gründe, den Baobab-Baum zu ehren, denn sein bauchiger Stamm kann in Zeiten der Dürre angezapft werden und spendet kostbare Flüssigkeit. Und der Baum bietet weitere Vorteile: Blätter und Fruchtfleisch sind essbar, aus den Fruchthülsen lassen sich Schalen fertigen, und die Inhaltsstoffe der Rinde lindern Magenbeschwerden.

Einige Baobab-Bäume sind mit uralten Schnitzereien verziert. Dieses Exemplar, dessen mächtiger Stamm im Umfang fast dem der ausladenden Blattkrone entspricht, war einst ein ehrwürdiger Aufbewahrungsort für Reliquien. In der Neuzeit jedoch wandelte sich sein Ruf unseligerweise vom Heiligen zum Profanen, sodass der » Boab Prison Tree« heute eher die Schrecken des Kolonialismus als die alten Mysterien verkörpert. Im Inneren dieses Baumes, so heißt es, sperrten weiße Machthaber abtrünnige Ureinwohner auf dem Weg ins Gefängnis von Derby ein.

Diese Geschichte ist zwar längst widerlegt, aber die Legende ist noch heute lebendig – so wie der stolze Baum, der nach Schätzungen 1500 Jahre alt ist und auf der Must-See-Liste vieler Touristen steht. ■

Dieser berühmte Baobab-Baum in der Nähe von Derby in Westaustralien ist weitaus älter als die Legende, nach der er von Kolonialisten als Gefängnis genutzt wurde.

KAPITEL VIER

LUFT

Bäume atmen ein und sie atmen aus,
erfüllen die Luft mit feinem Duft.

Die Kraft von Grün

Auf impressionistischen Gemälden schillern Bäume in allen Farben des Regenbogens, im echten Wald aber überwiegt das Grün. Das zarte Gelbgrün der Baumkronen im Frühling, das kühle Silbergrün der Nadeln, das satte Dunkelgrün des Mooses am Boden – all diese Farben entstehen durch das Wunder der Fotosynthese, mit der die Pflanzen die Energie gewinnen, die sie zum Leben brauchen. Aber warum ausgerechnet Grün? Welchen Sinn und Zweck erfüllt diese Farbe im Wald?

Mit dieser Frage beschäftigen sich interdisziplinär Experten aus den Bereichen Elektronik, Physik und Botanik. Die Fotosynthese betreibenden Blätter fungieren quasi als Licht erntende Solarpanels und nutzen die Fotosynthese als geniale Methode der Natur, um Sonnenenergie in Nahrung umzuwandeln. Das Licht trifft in ungleichmäßigen und unvorhersagbaren Fluktuationen auf die Zellen der Blätter – mit jahreszeitlichen, aber auch sekündlichen Schwankungen, da die Blätter flattern, Schatten flirren und sich Winkel und Intensität der Sonneneinstrahlung immer wieder ändern. Indem die Blätter blaues und rotes Licht absorbieren, das grüne jedoch zu großen Teilen reflektieren, da es einen Overkill an Energie darstellen könnte, erscheinen sie für das menschliche Auge grün – und Grün ist erwiesenermaßen eine Wohltat für den menschlichen Körper und Geist. Viele Studien belegen eine vitalisierende Wirkung durch Aufenthalte im Grünen, sei es in Parks, Wäldern oder auch in begrünten Innenräumen. Doch Wert und Nutzen der Farbe

GEGENÜBER: Flechten und Moose bedecken im Wistman's Wood im Dartmoor National Park im britischen Devon alles – Bäume, Baumstümpfe, Felsen, Waldboden.

VORHERGEHENDE DOPPELSEITE: Im britischen Dorset ragen winterlich laublos die Buchen empor.

Grün reichen noch tiefer: Grün soll auch eine schmerzstillende Wirkung haben.

Migränepatienten leiden häufig unter Fotophobie (Lichtempfindlichkeit), ein Zustand, der durch grelles Licht verschlimmert wird. Forschungen auf dem Gebiet der Gesundheitsfürsorge ergaben, dass ein Aufenthalt in einem mit grünem LED-Licht kontrolliert ausgeleuchteten Raum diese Beschwerden lindern kann. Daraufhin versuchte Mohab Ibrahim von der University of Arizona herauszufinden, ob die schmerzlindernde Wirkung darauf beruhte, dass grünes Licht auf den ganzen Körper einstrahlt, oder darauf, dass es über die Augen wahrgenommen wird. Zu diesem Zweck wurden Laborratten mit Kontaktlinsen ausgestattet, die grünes Licht ausblendeten. Das Ergebnis: Die größte Schmerzlinderung stellte sich ein, wenn grünes Licht auf die Augen traf.

Wäre eine Farbtherapie mit grünem Licht (Grünlicht-Therapie) also ein hilfreiches Mittel gegen chronische Schmerzen, zur Heilungsförderung nach Operationen oder sogar bei Schlafstörungen? Gut möglich. Unterdessen ist es beruhigend zu wissen, dass auch ein Spaziergang durch den Wald (an Laborratten nie getestet) unsere Augen mit heilsamem Grün verwöhnt! ■

Zahllose der weltweit rund 3000 Palmenarten haben fächerförmige Blätter.

Lebende Skulpturen

Die gärtnerische Gestaltung im Gilroy Gardens Family Theme Park im US-amerikanischen Kalifornien ist für ihre abenteuerlichen Baumformationen bekannt. »The Basket« (Korb) beispielsweise besteht aus sechs Platanen, die sich wie ein kunstvolles Gitterwerk zu einem einzigen Stamm verflechten. Ein alter Buchsbaum namens »Revolving Door« (Drehtür) teilt sich in vier Äste, die in nahezu perfekten rechten Winkeln nach außen, nach oben und nach unten wachsen. Allesamt skurrile Beispiele für von Menschenhand durchgeführte Veredelungen, eine seit Jahrtausenden praktizierte Technik. Schon Theophrastos, ein griechischer Philosoph und Naturforscher, schrieb bereits um 300 v. Chr. darüber.

Dank dem Kambium, der biegsamen Gewebeschicht direkt unter der Baumrinde, können Gartenbaukünstler Bäume zu außergewöhnlichen Formen verbinden. Das Kambium leistet sehr viel. Es produziert Zellen in beide Richtungen (nach außen den Bast, nach innen das Holz). Treffen die Zellen zweier Kambium-Schichten aufeinander, können sie zusammenwachsen. Im Jahr 2020 ist es Biologen mithilfe der STED-Mikroskopie gelungen, den Prozess videografisch aufzuzeichnen und zu zeigen, dass veredelte Pflanzen tatsächlich Organellen oder zelluläre Inhaltsstoffe austauschen, wenn sie sich verbinden.

Obstbauern nutzen diese Technik, um beliebte Sorten zu vermehren, indem sie Edelreiser von Bäumen, von denen bekannt ist, dass sie die gewünschten Früchte hervorbringen, auf ausgesuchte robuste Wurzelstöcke aufpfropfen. Gut möglich

»The Basket«, eine der veredelten Kuriositäten im Gilroy Gardens Family Theme Park in Kalifornien, besteht aus sechs Platanen, die vor langer Zeit ineinander verflochten wurden.

also, dass bekannte Apfelsorten aus einem zufälligen Sämling hervorgegangen sind – aber da sich ein bestimmter Geschmack nicht durch Einpflanzen von Apfelkernen reproduzieren lässt, ist jeder Red-Delicious-Apfel, den es je gab (außer dem allerersten), auf veredelten Zweigen gewachsen. Theoretisch könnte man also so unterschiedliche Apfelsorten wie Jonathan, McIntosh, Golden Delicious oder Granny Smith von einem einzigen Baum ernten.

Und als beispielsweise Rebsorten in der Alten Welt von Braunfäule befallen waren, gegen welche die Reben aus der Neuen Welt immun waren, bestand die Lösung darin, europäische Zweige auf amerikanische Trägerreben aufzupfropfen.

Die »Zirkusbäume« von Gilroy Gardens stellen aber noch eine weitere alte Technik der Veredelung zur Schau: Spalierbäume. Das Wort leitet sich ab vom französischen *espalier* und vom italienischen *spalla* und bedeutet »Stütze« oder »Schulter«, und Obstgehölze am Spalier werden so gezogen, dass sie Früchte in Reichweite bieten. Die stützende Mauer reflektiert Wärme und Licht, verlängert die Fruchtsaison, und die Spalierbäume beanspruchen deutlich weniger Platz als frei wachsende Exemplare. ■

Äpfel reifen an einem Spalierbaum vor einer Backsteinmauer in Surrey im Süden Englands.

PHILEMON & BAUCIS

In seinen *Metamorphosen* erzählt der römische Dichter Ovid von einem Tag, an dem Jupiter und Merkur auf der Suche nach Nahrung und Schutz durch die Lande zogen. Niemand erwies ihnen Gastfreundschaft, bis sie zur winzigen Hütte eines älteren Paares, Philemon und Baucis, kamen. Die beiden luden ihre Besucher zu einer bescheidenen Mahlzeit ein und beobachteten mit Erstaunen, wie der Krug mit Wein sich immer wieder neu füllte, ein Zeichen dafür, dass ihre Gäste Unsterbliche waren. Kein Grund zur Furcht, beruhigte Jupiter sie, und versprach voll Dankbarkeit, dass sich ihr Wunsch, eines Tages gemeinsam zu sterben, erfüllen werde. Als das Ende nahte, und sich die beiden zum Abschied ein allerletztes Mal umarmten, sprossen aus ihren Körpern Zweige und Blätter. Philemon und Baucis wurden zu Eiche und Linde, ihre beiden Stämme ineinander verschlungen, auf ewig.

Zwei Baobab-Stämme auf Madagaskar umschlingen sich in ewiger Umarmung.

Wald und Luft

Der Wald atmet. So wie die Tiere ein- und ausatmen, so tauschen auch Pflanzen Gase mit der Umgebungsluft aus. Die Luft im Wald umgibt nicht nur die Wipfel, sondern sie strömt in die Blätter hinein und wieder hinaus, und dabei verändert sich ihre chemische Beschaffenheit.

Die Blätter eines Baumes öffnen sich für die Luft über die sogenannten Spaltöffnungen (Stomata), sie nehmen Gase aus der Luft auf und geben sie wieder ab – Voraussetzung für die Fotosynthese: Kohlendioxid tritt ein, Sauerstoff und Wasserdampf treten aus. Die Smoky Mountains, die »Rauchenden Berge« in Tennessee und North Carolina in den USA, sollten also genau genommen »Aerosol Mountains« heißen, denn nicht Rauch, sondern flüchtige Stoffe und Wasserdampf aus dem Wald erzeugen den nebeligen Dunst.

Neben Wasserdampf entweichen auch viele andere flüchtige Verbindungen aus den Bäumen und verteilen sich in der Waldluft. Es gibt Zehntausende unterschiedlicher Terpene, und jedes davon ist einzigartig für die Spezies, die es erzeugt. Allen gemeinsam ist der chemische Grundbaustein Isopren, ein Molekül, das aus fünf Kohlenstoff- und acht Wasserstoffatomen besteht. Und Terpene sind es auch, die Kiefern, Rosmarinsträuchern, Eukalyptus und Zedern ihren unverwechselbaren Duft verleihen, den wir beim Spaziergang genießen. Terpene schnuppern wir in unserem Alltag aber auch in Menthol, Kampfer oder Terpentin. In erster Linie dienen die Terpene aber den Bäumen, die sie hervor-

---

Im argentinischen Buenos Aires zeigt der Blick hinauf das Phänomen der »Kronenscheu« – die Bäume halten bis in die obersten Baumspitzen einen Abstand zu ihren Nachbarn.

»Ein primitiver Wald, druidisch, einsam, wild … ein geradezu greifbarer unbändiger zarter Duft.«

WALT WHITMAN,
»An Ulster County Waterfall«

bringen. Einige scheinen Schädlinge abzuwehren, andere sind der Wundheilung förderlich. Heißes Wetter scheint die Terpen-Produktion anzuregen.

Heute bestätigt die medizinische Wissenschaft, was indigene Heiler schon lange wissen: Die flüchtigen Stoffe des Waldes können auch uns Menschen helfen. Wie eine 2017 in Südkorea durchgeführte Studie ergab, entfalten einige Terpene eine gesundheitsfördernde Wirkung, wenn man sie einatmet: Linalool aus dem Lavendel reduziert Lungenentzündungen; Myrcen aus dem Hopfen bekämpft einige Krebsarten.

Also, nichts wie raus ins Grüne, in den Wald oder in den Park. Atmen wir tief ein, und danken wir den Bäumen dafür, dass sie ihre flüchtigen organischen Substanzen mit uns teilen! ■

In diesem kleinen Hain aus Eukalyptus- und Teebäumen in Tasmanien überragen einige wenige Überständer das Kronendach.

Altehrwürdige Aromen

Verführerische Düfte wehen durch die Geschichte der Menschheit. Der Gewürzhandel verband einst Europa, den Orient und Asien auf eine Weise, die die Welt prägte. Zimt, die Rinde eines in Sri Lanka beheimateten Baumes, trieb die Niederländische Ostindien-Kompanie an, sich das Monopol im Zimthandel zu sichern, und wurde so quasi zum globalen Verkaufsschlager der frühen Neuzeit. Die historischen Wurzeln von Muskatnuss und -blüte liegen auf den indonesischen Molukken im Pazifischen Ozean, den sogenannten »Gewürzinseln«. Weihrauch und Myrrhe wiederum – nach biblischer Überlieferung die Geschenke der Heiligen Drei Könige an das Jesuskind – stammen von Bäumen aus Regionen am Roten Meer – niedrig und knorrig, mit schuppiger Rinde, trotzen sie der trockenen Hitze und den kargen Böden in dieser Gegend. Bei einem Schnitt in die Rinde tritt klebriges Harz aus. Getrocknet werden daraus kleine Klümpchen, die Weihrauch- und Myrrhe-Tränen, wie man sie auch nennt. Beim Verräuchern verströmen sie einen würzig-aromatischen Duft. Weihrauch und Myrrhe werden von alters her hoch geschätzt. Schon Hatschepsut, im 15. Jahrhundert v. Chr. Königin von Ägypten, ließ sich Myrrhebäume bringen (ein Pflanzenhistoriker nennt dies die erste Pflanzenjagd-Expedition der Geschichte). Pharaonische Schönheiten zerrieben den verkohlten Weihrauch, um Kajal herzustellen, den Eyeliner der Antike. Der Wohlgeruch von Weihrauch und Myrrhe hat religiöse Riten von jeher begleitet, denn ihre Dämpfe haben desinfizierende Eigenschaften und wurden daher zur Einbalsamierung der

Im Oman erzählt der vernarbte Stamm eines Weihrauchbaumes von jahrelangen Ernten seines klebrigen Saftes.

Verstorbenen genutzt; ihre Aromen überdeckten den Geruch des Todes, und chemische Stoffe in der Myrrhe verlangsamten die Zersetzung der Leichname. Weihrauch könnte sich auch heute als vielversprechendes Arzneimittel erweisen. Forscher untersuchen derzeit seine Heilwirkung auf Arthrose, Colitis, Hepatitis C und Krebs.

Doch infolge von Dürren, Überbevölkerung und Überweidung ist der Bestand der Weihrauchbäume heute weltweit gefährdet. Der harte Kampf um die nackte Existenz der Menschen in Somaliland und Äthiopien, den Hauptexporteuren von Weihrauch, ist mit ein Grund, dass die Bäume viel zu häufig angezapft werden. Die Tradition gebietet eine begrenzte Ernte, doch diese Regel wird oft gebrochen. Eine Non-Profit-Organisation namens Save Frankincense (Rettet den Weihrauch) bemüht sich darum, die Bäume zu schützen.

Bis heute nutzen Parfümeure Ingredienzen, die aus Bäumen gewonnen werden – Zitrone, Bergamotte, Sandelholz und Co. Und auch Myrrhe und Weihrauch, denn ihre chemischen Stoffe harmonieren gut mit denen anderer Essenzen und machen die Düfte haltbarer. Solange das menschliche Begehren nach feinen Düften weiter anhält, werden wir uns wohl an den Aromen der Bäume bedienen. ■

Myrrhebäume im Süden der Arabischen Halbinsel liefern Harztropfen, die als Räucherwerk und zur Parfümherstellung dienen.

Das Baumkronendach

Ein Spaziergang durch den Wald. Was sehen wir? Zu unseren Füßen Moos und Laubstreu, Unterholz, einen Strauch oder Baumstumpf. Auf Augenhöhe die Stämme der Bäume. Und über uns die Blätter. Jahrhundertelang wurde der Wald aus dieser Perspektive heraus erforscht: vom Boden aus, von unten nach oben. Heute aber verbinden sich Neugier und Technologie und tragen den Blick der Wissenschaftler hinauf zu den Baumspitzen und darüber hinaus. Dadurch rückt die Bedeutung des Kronendaches – die Kronen aller Bäume im Wald als ein organisches Ganzes – immer deutlicher in den Blick.

Wie lässt sich dieser wichtige Teil des Waldes am besten erforschen? Einige Wissenschaftler ziehen sich mithilfe von Seilen und Gurten hinauf in die Höhen; an Schlüsselstellen werden Türme errichtet, die zwar hilfreich sind, aber fixiert und unbeweglich; Baukräne mit intelligenter Steuerung fahren aus und sind im Wald leicht zu manövrieren. Überall auf der Welt winden sich schwingende Hängebrücken durch Kronendächer und ermöglichen Erkundungen auf verschiedenen Ebenen. Einige Forscher steigen in Ballons oder Luftschiffen auf, schweben über den Wipfeln, tauchen hier und da hinein ins Grün, um eine bessere Übersicht zu bekommen. Andere schicken Drohnen hinauf, um Fotos und Messungen zu machen.

Oben angekommen, machen sich die Forscher ans Werk, widmen sich der Aufgabe, Listen für die im Blätterdach beheimateten Spezies zu erstellen, für die Flora ebenso wie für die Fauna. Manche Wipfelbewohner verbringen ihr ganzes Leben in luftiger Höhe, bewegen sich kaum hinab, wie etwa das Faultier oder der Wickelbär (Kinkaju).

Das Baumkronendach im Amazonas-Regenwald bildet ein Mosaik aus Grün, erschaffen von einer Vielzahl an Bäumen.

Auch die Zahl der Pflanzenspezies geht wohl in die Millionen – ob für Bäume, Farne, Ranken, Moose oder viele weitere Arten. Einer Schätzung zufolge beherbergen die Kronendächer der Welt allein 24 000 Epiphyten (nichtparasitäre Pflanzen wie Orchideen oder Bromelien, die als sogenannte Aufsitzerpflanzen im Geäst der Bäume wachsen).

Kronendächer bedecken mehr als ein Viertel der gesamten Landoberfläche des Planeten und sind damit ein entscheidender Faktor in jeder Klimagleichung. Die Evapotranspiration – die Bewegung von Wasser vom Land in die Atmosphäre über die Transpiration der Blätter – hat einen kühlenden Effekt und wirkt so der Hitze der Sonne entgegen. Der Regenwald hat eine ausgleichende Wirkung auf die lokale Temperatur, nimmt als globale Kohlenstoffsenke aber auch Einfluss über die unmittelbare Umgebung hinaus. Im Jahr 2021 berichtete allerdings ein internationales Expertenteam, dass dramatische Veränderungen in der Amazonas-Landschaft (durch Abholzung für Plantagen-, Straßen- und Wohnungsbau etc.) das Blätterdach ausgedünnt und den Regenwald zu einem Netto-Emittenten in Sachen CO_2 gemacht haben. Umso wichtiger ist es nun, die Regenwälder zu erhalten bzw. wiederherzustellen. Das Schicksal aller Lebewesen auf der Erde hängt davon ab! ■

Manche Wipfelbewohner, wie dieses Dreifingerfaultier in Panama, verbringen den Großteil ihres Lebens hoch oben im Blätterdach.

BERÜHMTE BÄUME

EIN SEGENSREICHER SCHATTENSPENDER

Im Jahr 1433 verlor eine indische Frau namens Thimmamma ihren Gemahl, der an Lepra gestorben war. In ihrer Trauer folgte sie ihm auf den Scheiterhaufen. Ihre hingebungsvolle Treue war so intensiv, dass dort, wo sie starb, ein Banyan-Feigenbaum (*Ficus benghalensis*) Wurzeln schlug – der »Thimmamma Marrimanu«, wie die Einheimischen im südlichen Indien ihn nennen. Heute gilt er als der Einzelbaum mit der größten Krone der Welt, mit einem Durchmesser von 131 Metern, manchen Schätzungen zufolge sogar gut 200 Metern.

Aufgrund seiner Wuchsform scheint dieses monumentale Banyan-Exemplar Tausende von Stämmen zu haben; tatsächlich aber handelt es sich dabei um Luftwurzeln, die der Baum von den Ästen aus nach unten treibt und im Boden verankert, um im Laufe der Jahre immer mehr in die Breite zu wachsen. Holzstege leiten Tausende von Gläubigen vorbei an der Stierfigur des Nandi (dem Reittier des Hindu-Gottes Shiva), die als Torwächter der heiligen Stätte fungiert, zum Tempel in der Nähe des heiligen Baumes. Dort befinden sich Bildnisse von Thimmamma und ihrem Gemahl, vor denen viele Besucher andächtig beten. Die Pilger hinterlassen nach alter Tradition bunte Gebetsfähnchen aus Stoff, eines für jeden frommen Wunsch. Safrangelbe Fähnchen zeugen von Paaren mit Kinderwunsch, denn der Baum steht für Fruchtbarkeit.

Baumkundler schätzen das Alter von »Thimmamma Marrimanu« auf mehr als 600 Jahre. Fundstücke, die auf dem Gelände ausgegraben wurden, deuten auf die uralte Geschichte des Baumes als rituelle Stätte hin. Und noch heute spendet er im heißen Indien wohltuenden Schatten und sorgt für Kontemplation. ■

GEGENÜBER: Auf ein einzelnes Foto passt nur ein kleiner Ausschnitt des »Thimmamma Marrimanu« im südlichen Indien.

FOLGENDE DOPPELSEITE: Unweit des Jefferson Memorial im nordamerikanischen Washington, D.C., färben Magnolienblüten im Frühling die Landschaft rosarot.

Trickreiche Fortpflanzung

Die Fortpflanzung der Bäume ist ein unglaublich spannendes Thema. Generell erfolgt die Samenbildung, wenn männlicher Pollen auf den weiblichen Blütenstempel gelangt. Letztendlich reift der befruchtete Teil der Blüte dann zu einem lebensfähigen Samen heran, aus dem eine Kirsche, eine Walnuss oder eine Kokosnuss hervorgeht – und daraus wieder der »Sprössling«, sprich die nächste Generation bzw. die Nachkommenschaft des Baumes.

Viele Baumarten sind »einhäusig« (monözisch), bilden also sowohl rein weibliche als auch rein männliche Blüten auf einem Baum aus, die als »unvollkommene Blüten« bezeichnet werden. Pollen der männlichen Blüten können die weiblichen Blüten desselben Baumes befruchten oder den Weg zu weiblichen Blüten anderer Bäume derselben Art finden. Eichen beispielsweise tragen solche geschlechtsspezifischen Blüten. Im Frühjahr baumeln die männlichen »Kätzchen« im Wind und geben ihre Pollen in die Luft ab. Weibliche Blüten, die als winzige Knötchen am Zweig knospen, nehmen den Pollen auf. Im Laufe des Sommers wölben sie sich zu reifen Eicheln auf, die im Herbst dann fallen: Samen für neue Bäume.

Bei »zweihäusigen« Bäumen gibt es rein weiblich und rein männlich blühende Exemplare. Beispiele dafür sind Stechpalme, Espe, Weide, Ginkgo oder Kaki. Eine Stechpalme, die leuchtend rote Beeren trägt, und ein Ginkgo, der Samenschalen abwirft, sind beides fruchttragende weibliche Exemplare. Landschaftsgärtner achten hier manchmal auf das Geschlecht. Sie wählen etwa weibliche Stechpalmen

Bei den Blüten der Tulpen-Magnolie umgeben helle, pollenführende Staubblätter (männlich) einen dichten Stempelkegel (weiblich). Der Kegel reift zu büschelartig angeordneten Flügelnüssen heran (Samaras).

»Und wenn ihr Gott erkennen wollt (...) Ihr werdet sehen, wie Er in den Blumen lächelt, aufsteigt und aus den Bäumen winkt.«

KAHLIL GIBRAN,
Der Prophet

wegen der schönen Beeren, aber männliche Ginkgos, um eine Geruchsbeeinträchtigung durch beim Verrotten übel riechende Samenhülsen weiblicher Ginkgos zu vermeiden.

Dann gibt es noch die zwittrigen Bäume, mit männlichen und weiblichen Organen innerhalb jeder einzelnen Blüte, die als »perfekte Blüte« bezeichnet wird. Betrachtet man beispielsweise die Blüte eines Apfelbaumes genauer, so sieht man die Staubblätter mit den Staubbeuteln, aus denen der Pollen austritt; und man sieht den Stempel, der zum Fruchtknoten führt, das weibliche Organ, das

Auf Yuantouzhu, Chinas »Schildkröteninsel« im Taihu-See, winden sich voll erblühte Kirschbäume wie rosa Flüsse durch das Blättergrün.

den Pollen aufnimmt. Dennoch können sich diese Bäume nicht alleine befruchten und sind auf Insekten oder andere Bestäuber angewiesen, die ihre Pollen auf die Blütenstempel anderer Exemplare übertragen, um Inzucht zu vermeiden und gesunde Nachkommen zu zeugen.

Die Blüte ist eine bemerkenswerte Erfindung, denn sie verfügt über eine Reihe von evolutionären Strategien, die sicherstellen, dass der Pollen von einem Ort zum anderen gelangt. Ihre evolutionäre Struktur ist Hunderte Millionen Jahren alt – wie viele Millionen genau, weiß niemand zu sagen, denn Blüten welken schnell dahin, sodass sie in Fossilien kaum vorkommen. Doch Fossilienfunde aus Nanjing (China) zeigen eine Art Blüte, mit Blütenblättern um einen Griffel (Stylus), der mit dem Fruchtknoten (Ovar) verbunden ist. Die *Nanjinganthus dendrostyla*, wie die fossilierte Blüte nach ihrem Fundort und ihren charakteristischen Merkmalen benannt wurde, datiert in die Zeit vor 174 Millionen Jahren, in das erdgeschichtliche Zeitalter des Jura. Gut möglich, dass Blüten wie diese einst auch dem Stegosaurus schmeckten.

Im Jahr 2015 veröffentlichte ein Team von Biologen aus Schweden, Frankreich, Belgien und Kolumbien eine Studie über die Struktur fossiler Blüten aus aller Welt, deren Alter sogar noch weiter zurückreicht – bis in die Zeit vor 250 Millionen Jahren.

Die zarten Blüten aus fernen Zeiten haben ihre Geheimnisse bewahrt. Gut möglich, dass wir den fossilen Beweis für die allererste Blüte niemals finden werden. Immerhin haben wir heute den lebenden Beweis dafür, dass sich die Fortpflanzungstaktik der Bäume als erfolgreiche Strategie bewährt hat. ■

An den Zweigen der Roteiche (*Quercus rubra*) lassen
männliche Blüten (Kätzchen) im Frühjahr ihre pollentragenden Staubfäden baumeln.

Vielerlei Früchte

Bei Früchten denken wahrscheinlich viele an Beeren im Müsli oder an den Biss in einen knackigen Apfel. Botaniker hingegen denken wohl eher an den Fruchtbecher, der reifende Samen umschließt. Ob Eichel, Kokosnuss, Apfel, Mandel, Papaya oder Tamarinde: Bei allen handelt es sich um samentragende Früchte zur Fortpflanzung der Bäume. Ihre zahlreichen Formen und Ausprägungen sind Ausdruck der mannigfaltigen Strategien, die verschiedene Baumarten entwickelt haben, um ihre eigene Art zu schützen, zu verbreiten und zu vermehren.

Einige Bäume geben ihren Samen eine süße Verpackung. Es sind die Früchte, die wir am besten kennen – Äpfel und Quitten, Pflaumen und Aprikosen, Kirschen oder Holunderbeeren. Einige bergen in ihrem Kern zahlreiche Samen, während andere um einen einzigen Kern eine schützende Hülle bilden. In einem Pfirsich ist der Samen gleich doppelt verpackt, von einer harten Schale umschlossen und von Fruchtfleisch umgeben, das mit zunehmender Reifung weicher und zuckerhaltiger wird. Viele Früchte verändern bei der Reifung ihre Farbe von grün nach rot: für Vögel und Säugetiere das Signal, dass die Früchte verzehrreif sind. Und für die Pflanze ist es Teil ihrer Überlebensstrategie, denn die Tiere verdauen das Fruchtfleisch und scheiden die Samen wieder aus. So werden diese oft weit entfernt vom Mutterbaum abgelagert, mitsamt einer guten Portion an Extranährstoffen im Dung.

Botanisch gesehen sind auch Nüsse Früchte (Schließfrüchte). Die Nuss, die wir essen, ist der Samen der Frucht des Nussbaumes. Einige Nussbaumarten, wie zum

Aus der Eichel vom letzten Jahr sprießt im nächsten Frühling eine Eiche. Unter den richtigen Bedingungen verankert sich die Wurzel im Boden und ein Blattkeim treibt aus.

»Ich ging hinaus zum Haselwald, Weil mir im Kopf ein Feuer ging ...«

W. B. YEATS,
»Das Lied des wandernden Aengus«

Beispiel die Walnuss, verwahren ihren Samen in einer inneren Fruchthülle, die von einer harten äußeren Schale ummantelt ist. Tatsächlich machen die geschälten Nüsse, die wir im Supermarkt kaufen, nur die eine Hälfte des Walnusssamens aus. Um zu keimen, müssen aber beide Hälften zusammenarbeiten. Auf dem feuchten Erdreich altert dann die äußere Schale, löst sich und fällt ab; die keimende Kraft aus dem Inneren treibt eine zarte Wurzel aus.

Manche Bäume senden ihre Samen auch einfach mit dem Wind aus. Ahornsamen etwa kreiseln wie kleine Helikopter zu Boden, sobald sie reif sind. Baumwollsamen gleiten wie kleine Heißluftballons durch die Luft davon. Und so wird jede dieser Strategien dem Auftrag im ewigen Kreislauf des Lebens erecht – fruchtbar zu sein und sich zu vermehren. ■

Der eigentliche Daseinszweck der Pfirsichfrüchte besteht darin, ihre Art zu vermehren – zu unserem Glück schmecken sie auch sehr gut.

Clevere »Verzweigungen«

Ob »Baum der Erkenntnis«, »Stammbaum«, »Gen- und Speziesbäume« oder »Syntaxbäume« – wir sind so gewohnt an die Metapher der »Verzweigung«, dass wir schnell vergessen, dass ihr eigentlicher Ursprung in der Natur liegt.

Die Tradition, Wissensbereiche und Gedankenwelten als Bäume zu veranschaulichen, an denen die Äste aus einem einzigen Stamm hervorgehen und sich immer weiter verzweigen, reicht Jahrhunderte zurück. Schon Philosophen des Mittelalters unterteilten beispielsweise das menschliche Wissen, die *Scientia*, in übergeordnete Felder – *Ethica*, *Philosophia*, *Practica*, *Mechanica* – und gliederten diese dann weiter in *Physica*, *Mathematica*, *Poetria*. Nicht selten enthielten illustrierte Texte auch Abbildungen von Blättern und Ranken.

In der Renaissance wurden die Schaubilder immer abstrakter, die Ast-Metapher aber blieb erhalten. Für Athanasius Kircher, einen deutschen Jesuiten und Universalgelehrten des 17. Jahrhunderts, repräsentierte der *Arbor philosophica* das gesamte menschliche Wissen. An seiner Wurzel lag *Abyssus nihilum*: das Nichts, der Abgrund (in der biblischen Mythologie die Unterwelt). Zentrale Dichotomien des menschlichen Lebens verzweigten sich symmetrisch – zum Beispiel Vernunft und Unvernunft. An der Spitze des Baumes fanden sich Tugenden wie *Bonitas, Intellectus, Concordia* (Güte, Einsicht, Eintracht) im Einklang mit der christlichen Heiligen Dreifaltigkeit. Die Evolutionstheorie aktualisierte die Metapher dann für die moderne Wissenschaft.

Regenbogen-Eukalyptusbäume auf Maui, Hawaii, bilden komplexe Verzweigungen.

»Erde und Himmel, Wälder und Felder, Seen und Flüsse (…) lehren uns mehr, als wir jemals aus Büchern lernen können.«

JOHN LUBBOCK,
Der Nutzen des Lebens

Während die Skizzenbücher von Charles Darwin nur Zeichnungen mit verzweigten Linien enthielten, um seine revolutionären Ideen darzustellen, begannen Wissenschaftspädagogen, die Evolution anhand des uralten Baumes des Lebens zu erklären. Rezente Arten bewohnen Zweigspitzen; von hier aus kann man die Entwicklungslinien entlang der Äste, über den Stamm und bis zu den gemeinsamen Wurzeln, den prähistorischen Vorfahren, zurückzuverfolgen.

In seiner berühmten Zeichnung aus dem Jahr 1879 illustriert der deutsche Mediziner und Zoologe Ernst Haeckel den »Stammbaum des Menschen«: Ganz unten die »Urthiere« (*Protozoen*), ganz oben die »Säugethiere« (*Mammalia*) mit dem Menschen als Krone.

Die Zweige dieses Japanischen Ahorns verästeln sich wie die Stammbäume der frühen Wissenschaftsgeschichte.

Михаил (поэт) 1814–1841
Юрий капитан 1795–1831
М. М. Арсеньева 1795–1817
Юрий Андреевич Лермонт убит под Смоленском в 1634 г.

Neue wissenschaftliche Erkenntnisse stellen diese Illustrationen jedoch infrage. Es ist ein »verworrener« Baum, wie der Wissenschaftsautor David Quammen es formuliert, so es überhaupt ein Baum ist. Um die 2,3 Millionen Spezies wiederzugeben, die wir dank der Forschung heute kennen, müssten wir für eine grafische Darstellung der vielen Lebensformen auf der Erde eine neue Form finden. Deshalb hat ein Team von Wissenschaftlern eine geniale Neukonfiguration entwickelt: Die Äste, die sich von oben nach unten und rundherum winden, bilden einen Kreis, mit den frühesten Vorfahren in der Mitte und allen bekannten Arten ringsum am Rand. Ein revolutionärer neuer »Offener Baum des Lebens« (»Open Tree of Life«) – offen für Studien, aber auch offen für Veränderungen, da jedes Jahr an die 15 000 neu entdeckte Arten hinzukommen.

Der »Baum des Lebens« ist heute zu einem »Kreis des Lebens« geworden, stetig wachsend und sich verändernd, und immer noch eine inspirierende Metapher, die unser Welt-Verstehen verbildlicht. ■

GEGENÜBER: Dieser Stammbaum der russischen Familie Lermontow entstand in den 1930er-Jahren.

OBEN: Im Mittelpunkt dieser thrakischen goldenen Brustplatte aus dem 5. Jahrhundert v. Chr. prangt ein »Baum des Lebens«, umgeben von Palmblättern und Lotosblüten.

Bäume und Insekten

Bäume und Insekten: Eine Hassliebe, die vor Jahrtausenden begann. Während es einige Partnerschaften gibt, die beiden zugutekommen und sogar das Überleben garantieren, können andere Insekten Wälder dezimieren.

Zuerst die gute Nachricht. Insekten tragen auf vielfältige Weise zum Lebensunterhalt der Bäume bei. Die bekannteste ist die Bestäubung. Geflügelte Besucher fliegen eine Blüte an, saugen den Nektar auf, nehmen dabei Pollen mit und tragen ihn zur nächsten Blüte. Andere Insekten sammeln Baumsamen – einige gezielt, andere durch Zufall – und unterstützen Bäume so bei der Ausbreitung. Die interessantesten Partnerschaften aber sind symbiotische Beziehungen, die eine Insektenart und eine Baumart vereinen, zum gegenseitigen Nutzen beider. Zahlreiche Beispiele lassen erkennen, wie sich beide Partner in wechselseitiger Abhängigkeit gemeinsam entwickelt haben.

In einigen Gebieten Süd- und Mittelamerikas unterhalten ein schnell wachsender Baum namens *Cecropia* (Ameisenbaum) und einige Arten der *Azteca*-Ameisen komplexe Beziehungen, von der beide Seiten profitieren. Die Ameisenkönigin bohrt sich bis in das hohle Innere eines Jungzweiges, legt dort ihre Eier ab und verwendet das Pflanzengewebe als Pfropf, um das Loch wieder zu verschließen. In diesem geschützten Raum können sich die Larven ungestört entwickeln. Arbeiterameisen wiederum suchen in den Astgabelungen nach Futter, wo der Baum winzige Tröpfchen eines nahrhaften Nektars absondert.

In Panama scharen sich *Azteca*-Ameisen um den Blattstiel eines Ameisenbaumes, um Eier abzulegen, in denen die Larven heranreifen.

»Wenn wir auf dem Pfad des Mitgefühls auch nur ein Insekt retten können, hat dies enorme Auswirkungen auf den ganzen Kosmos.«

AMIT RAY,
Walking the Path of Compassion

Im Gegenzug zernagen die Ameisen, sobald sich eine Schmarotzerpflanze um den Baum zu ranken beginnt, deren Blätter; und sobald ein Insektenschädling in den Baum einzudringen versucht, schwärmen die Ameisen aus und zerreißen ihn. Die Ameisen wehren sogar pelzige Fressfeinde wie Faultiere und Affen ab. In all diesen Kämpfen haben die *Azteca*-Ameisen einen defensiven Vorteil: Winzige Hafthärchen an ihren Füßen haken sich wie bei einem Klettverschluss in feine Härchen an den Blattstielen und geben ihnen sicheren Halt, während sie ihren Partner, den *Cecropia*-Baum, verteidigen. Diese komplexen Wechselbeziehungen lassen vermuten, dass sich *Cecropia*

Unter der Rinde eines absterbenden Baumes deuten verräterische Spuren auf den Eschenprachtkäfer hin, der als invasive Art die Eschenbestände quer durch Nordamerika dezimiert.

und *Azteca* über Jahrtausende hinweg gemeinsam entwickelt haben, um voneinander zu profitieren.

Auf der anderen Seite der Medaille können Insekten im Extremfall verheerende Folgen für den Wald haben. 1896 trug sich ein junger Entomologe namens Étienne Léopold Trouvelot in Massachusetts mit Plänen, die amerikanische Seidenindustrie anzukurbeln. Zu diesem Zweck ließ er eine gegen Krankheiten resistente europäische Schmetterlingsart aus Europa importieren, um sie mit der von ihm kultivierten amerikanischen Art zu kreuzen. Einige der importierten Schwammspinner aber entkamen und breiteten sich aus, bis ihre Nachkommen 20 Jahre später viele Eichenwälder Neuenglands befielen und fast völlig entlaubten. Noch heute haben Förster alle Mühe, weite Laubwaldgebiete im Nordosten der USA vor den Europäischen Schwammspinnern zu schützen – und neuerdings auch vor einer Art des Asiatischen Schwammspinners, die sich noch nicht etabliert hat, aber ebenso bedrohlich ist. Auf welchen Wegen genau dieser neue Eindringling in die Wälder der gemäßigten Breiten auf der Nordhalbkugel gelangt ist, ist nicht geklärt.

Eine andere invasive Art ist der Asiatische Eschenprachtkäfer, der Anfang der 2000er-Jahre vermutlich durch Schiffspaletten aus Eschenholz nach Nordamerika und Südwestrussland eingeschleppt wurde und bereits in den ersten zehn Jahren mehrere Hundert Millionen Bäume getötet hat. Er legt seine Eier in die Ritzen der Rinde ab, und die Larven fressen sich nach dem Schlüpfen durch Bastschicht (Phloem) und Kambium; die Fraßgänge füllen sich nachträglich mit Flüssigkeit, was die Gefäßstruktur des Baumes zerstört und zu seinem Absterben führt.

Wir können eine Lehre aus diesen drei Beispielen ziehen: Wenn Bäume und Insekten sich gemeinschaftlich entwickeln, können wunderbare Symbiosen entstehen. Menschliche Eingriffe oder unbeabsichtigte Einschleppung jedoch können fatale Folgen haben, die das biologische und ökologische Gleichgewicht des Waldes empfindlich stören. ■

Europäische Schwammspinner-Raupen, in die USA importiert, um die Seidenherstellung zu beleben, sind zur Bedrohung geworden.

»Mondbäume«

Im Jahr 1971 nahm Stuart Roosa, Astronaut an Bord der *Apollo 14*, 500 Baumsamen mit auf den Mond und zurück. Roosa hatte zuvor als Feuerspringer gearbeitet und Waldbrände bekämpft. Seine Liebe zur Natur machte ihn zum perfekten Hüter der Samen von fünf in den USA heimischen Baumarten im Orbit: Weihrauch-Kiefer, Bergahorn, Amberbaum, Mammutbaum und Douglasie. Zurück auf der Erde gerieten die Samen aus dem wissenschaftlichen Fokus. Dennoch keimten fast alle aus, sodass die NASA schon bald Setzlinge verteilte. Von Alabama bis Washington, von Massachusetts bis Kalifornien gingen Bäume aus den Samen hervor, die auf dem Mond gewesen waren. Ein Bergahorn fand seine Heimat im Botanischen Garten in Asheville (North Carolina), ein anderer im International Forest of Friendship in Atchison (Kansas). Einige Mondbäume stehen heute an Standorten der Raumfahrtindustrie – am Kennedy Space Center (Florida), dem Goddard Space Flight Center (Maryland) oder auf einem Gelände des Rüstungskonzerns Lockheed Martin (Pennsylvania). Wieder andere schmücken die Außenanlage von städtischen Einrichtungen. Zwei Mondbäume haben ihren Weg sogar bis nach Brasilien gefunden, nach Santa Rosa und Brasilia. Während einige kränkeln und andere bereits abgestorben sind, stehen viele der weitgereisten Bäume noch immer – aus Samen gezogen, die eine Reise ins All überlebt haben. Ihr unmittelbarer Wert für die Wissenschaft mag (noch) nicht ganz klar sein, dennoch transportieren sie eine wichtige Botschaft: Nämlich die von der enormen Robustheit und universellen Lebenskraft des Baumes. ■

Im Goddard Space Flight Center der NASA in Maryland, USA, wirft der Mond seinen Schein auf einen Bergahorn, gewachsen aus einem Samen, der 1971 zum Mond und wieder zurück reiste.

Waldluft schnuppern

Ein Waldspaziergang tut gut. Wir atmen auf. Wir atmen durch. Auch ein kleiner Spaziergang durch den Park, eine kurze Flucht aus dem Trubel und Beton-Dschungel der Stadt. Ein Ausflug ins Grüne, bei dem die Fülle der Natur unsere Sinne verwöhnt und unseren Geist zur Ruhe kommen lässt. Wir seufzen auf und atmen die frische Luft ein, die die Bäume mit uns teilen – eine Wohltat!

Forscher sind gerade dabei, die flüchtigen Komponenten in der Waldluft zu analysieren, die einen Waldspaziergang zum Vergnügen machen, zu einer wohltuenden körperlichen und auch emotionalen Erfahrung. Offenbar liegt das Geheimnis darin, dass Bäume Terpene verströmen, die genau die richtige molekulare Zusammensetzung haben, um beim Spaziergang durch den Wald unsere Stimmung zu heben. Diejenigen biogenen flüchtigen organischen Verbindungen (BVOCs) aus der Gruppe der Terpene, die im Labor die meiste Aufmerksamkeit erregen, sind Pinene und Limonene – seltsame Namen, aber angenehme Düfte, die von Bäumen verströmt werden. Tropische Bäume emittieren die meisten davon, immergrüne Wälder mehr als Laubwälder. Entsprechend dem Tageszyklus der Bäume ist ihre Konzentration in der Waldluft am frühen Nachmittag am höchsten. Die gesundheitsfördernde Wirkung der BVOCs aus den Wäldern ist bemerkenswert, wie chemische Laboranalysen und Studien zu ihren Auswirkungen auf die menschliche Gesundheit belegen. Sie wirken entzündungshemmend, erweisen sich als natürliche Antidepressiva, fördern die Muskelrelaxation und damit einen

Nahe Vancouver in British Columbia, Kanada, genießen Spaziergänger die wohltuende Waldluft, die mit aromatisch duftenden flüchtigen chemischen Verbindungen angereichert ist, die die Bäume emittieren.

»Hier ist herrlicher Urwald. Die rauschenden Fichten und Tannen, moosumhangen, in grünen Gewändern …«

HENRY WADSWORTH LONGFELLOW,
Evangeline

gesunden Schlaf, lindern Schmerzen und Angstzustände. Sie verstärken die Schutzfunktionen des Immunsystems und dämmen sogar das mit einigen Krebsarten verbundene Tumorwachstum ein. Kurzum, die Forscher suchen systematisch nach Erkenntnissen, um die wohltuenden Bestandteile der Waldluft medizinisch nutzbar zu machen. Nach der aktuellen Forschungslage klingen die flüchtigen Stoffe aus den Wäldern fast wie Wundermittel – und vielleicht werden sie sich auch tatsächlich als solche erweisen. Doch die Erhabenheit der Waldlandschaft, das Muskeltraining beim Spaziergang und das erfrischende Gefühl, draußen im Grünen alle Sorgen hinter sich zu lassen, sind auch so schon ein Geschenk. Eines ist gewiss: Spaziergänge durch den Wald tun uns allen gut! ■

In einem Wald in Alaska verbinden sich biogene flüchtige organische Verbindungen mit morgendlichem Nebel hoch oben in den Baumspitzen.

BERÜHMTE BÄUME

DER BAUM, DER DIE PHYSIK INSPIRIERTE

Alles begann in einem Garten. William Stukeley, ein britischer Altertumsforscher und ein Freund von Isaac Newton, veröffentlichte 1752 dessen Biografie. Er berichtet davon, wie er zusammen mit seinem Freund nach dem Abendessen nach draußen ging, wo sich Newton im Schatten einiger Apfelbäume fragte: »Warum sollte der Apfel stets senkrecht zu Boden fallen? Warum fällt er nicht seitwärts oder aufwärts, sondern immer konstant in Richtung Erdmittelpunkt? Der Grund muss sein, dass die Erde ihn anzieht.« Damit war die Anekdote von der Entstehung der Newtonschen Gravitationstheorie in der Welt. Tatsächlich wächst im Garten von Newtons Haus in Lincolnshire seit Hunderten von Jahren ein Apfelbaum, der bis heute als Quell der Inspiration für Newtons berühmtes Gravitationsgesetz gilt. Als jener berühmte »Apple Tree« im Jahr 1820 bei einem Sturm umstürzte, ließ er sich nicht so leicht unterkriegen und entwickelte neue Wurzeln, aus denen dann ein neuer, etwas merkwürdig geformter Apfelbaum entstand, der bis heute im Garten von Woolsthorpe Manor gehegt und gepflegt wird. Die Frucht, die er trägt, ist eine seltene Sorte namens »Flower of Kent«, ein grüner Kochapfel. Seine Samen sind durch den Orbit gereist und wieder zurück zur Erde, da sie der britische Astronaut Tim Peake zur Internationalen Raumstation (ISS) brachte. Doch Bäume, die aus diesen Samen sprießen, tragen nicht die gleichen Früchte. Nur Klone aus Zweigen oder Wurzelstöcken bringen »Flower-of-Kent«-Äpfel hervor. Ableger des berühmten Baumes wurden rund um die Welt in alle Kontinente exportiert, außer in die Antarktis. Seine Nachkommen zieren viele Universitätsgelände sowie Forschungsparks und erinnern die Wissenschaftler des 21. Jahrhunderts daran, dass sich die moderne Physik seit Isaac Newton zwar stark weiterentwickelt haben mag, aber dessen Erkenntnissen unter einem Apfelbaum entspross. ■

Dieser knorrige Apfelbaum im Garten des britischen Woolsthorpe Manor, dem Geburtshaus von Isaac Newton, erinnert daran, dass eine fallende Frucht ihn einst zu seiner Gravitationstheorie inspirierte.

KAPITEL FÜNF

FEUER

Waldbrände wüten und zerstören; aber aus der Asche, phönixgleich, sprießt neues Leben.

Wald in Flammen

Die Meldungen sind dramatisch: Riesige Waldflächen brennen. Und tatsächlich geraten weltweit immer öfter Waldbrände außer Kontrolle. Sie sind großteils nicht natürlichen Ursprungs, sondern werden ausgelöst durch menschliche Aktivitäten, lokal und global. Dabei sind Waldbrände aber viel älter als die Menschheit. Als eine natürliche Kraft, ein prägendes Element in der Evolution der Bäume und anderer Waldbewohner, waren diese Feuer nicht immer eine Katastrophe. Die Wälder nutzten sie zu ihrer Verjüngung und Selbsterneuerung.

Doch mit der Brandbekämpfungspolitik der USA im frühen 20. Jahrhundert, die darauf ausgerichtet war, alle Feuer zu unterdrücken, nahmen Bäume, Natur und Umwelt großen Schaden. Experten haben dies inzwischen erkannt und setzen auf neue Konzepte im Feuermanagement. Einige Baumarten brauchen das Feuer, um sich zu vermehren. Die Banksia zum Beispiel, ein in Australien beheimatetes Silberbaumgewächs, trägt viele kolbenförmige Einzelblüten in herrlich leuchtenden Orange-, Gelb- oder Rottönen. Jede Einzelblüte bildet nach der Bestäubung eine große Samenkapsel in den zapfenartigen Blütenständen aus, in der die Samen jahrelang überleben können, ohne zu keimen. Die Kapseln öffnen sich erst, wenn sie eine weit über dem Normalwert liegende Temperatur erreichen.

Ähnlich verhält es sich mit der nordamerikanischen Lodgepole-Kiefer, deren Zapfen die Samen festhalten, bis ein Feuer sie freisetzt. In beiden Fällen hat der

GEGENÜBER: Die Samenkapseln der Banksien bleiben fest geschlossen und keimen erst bei hoher Temperatur.

VORHERGEHENDE DOPPELSEITE: In Südafrika respektieren Waldwirtschafter das Feuer als ein notwendiges Ereignis der Waldregeneration, wie hier bei einer kontrollierten Brandlegung.

Baum seine Samen in eine wachsartige Substanz eingebettet, die erst bei hoher Temperatur schmilzt.

Andere Überlebenskünstler setzen auf Wurzeln, die selbst dann noch sprießen, wenn die Baumkronen bereits verbrannt sind. Und einige Eukalyptus-Arten tragen tief unter ihrer Rinde schlafende Knospen, die erst dann austreiben, sobald der Stamm einem Feuer ausgesetzt war.

Während man in den USA lange aus kommerziellen Gründen in der Forstwirtschaft darauf setzte, sämtliche Waldbrände zu verhindern, hat sich mittlerweile die Einstellung zu den Feuern verändert. Experten begannen, die groß angelegten Brandschutzmaßnahmen infrage zu stellen, als sie erkannten, dass natürliche Ereignisse, einschließlich der Waldfeuer, in einem ganzheitlichen Gefüge zusammenspielen. So setzte in den 1960er-Jahren ein Umdenken ein, und Forstwirtschafter begannen, die Feuer als ein natürliches Phänomen im Ökosystem und damit als einen wichtigen Teil zum Erhalt bestimmter Wälder anzuerkennen. Heute betrachtet man das kontrollierte Abbrennen als ein effektives Mittel zur Förderung und Erhaltung vieler Waldökosysteme – im Anklang an Praktiken, die indigene Völker rund um die Welt seit Jahrtausenden zum Wohl der Natur einzusetzen wissen. ■

Im Südosten der USA können kontrollierte Brandlegungen, wie hier in einem Kiefernwald, den Ausbruch unkontrollierter Wildfeuer verringern.

Freund mit dem Feuer

Immer noch herrscht Streit darüber, wann (aber nicht ob) Feuer und Brände die Evolution des *Homo sapiens* geprägt haben. Sogar Schimpansen scheinen den Weg von Flammen durch Beobachtung vorhersagen zu können – eine wichtige erste Voraussetzung für den Umgang mit Feuer. Als Forscher in der Wonderwerk-Höhle in Südafrika auf verkohlte Knochenfragmente und die Asche pflanzlicher Überreste stießen, sprachen einige schon von Beweisen dafür, dass frühe Vorfahren der Hominiden bereits vor zwei Millionen Jahren Feuer gezielt nutzten. Doch Feuer lässt wenig übrig – auch keine eventuellen Beweise für den evolutionären Übergang vom Menschen als Jäger und Sammler zum Bauern und Waldpfleger und weiter zum Feuermacher.

Sobald es die Urmenschen verstanden, selbst Feuer zu entzünden, veränderte sich alles. Sie fingen an, Fleisch und Wurzelgemüse zu garen, die wechselnden Jahreszeiten und die Kälte in gemäßigten Breiten wurden erträglicher, und auch die körperlichen Merkmale veränderten sich im Laufe der Jahrtausende: Die Zähne wurden kleiner, die Gehirne größer. Für viele Forscher hängt die Nutzbarmachung des Feuers mit der Entstehung unserer Zivilisation unmittelbar zusammen.

Gewiss, Feuer mag die menschliche Evolution geprägt haben, aber heute ist es eben genau unsere Zivilisation, welche Waldbrände in erschreckender Weise beeinflusst. Die Wildfeuer sind heute nicht mehr das, was sie einmal waren. Die Brände in Australien, Sibirien, im Westen der USA und im Amazonasgebiet wüten in einem Ausmaß und in einer Intensität, die weit über das natürliche Level hinausgehen.

In Weitchpec, Kalifornien, USA, befolgen Förster in einer Gemeinde im Yurok-Reservat die Anweisungen der Ureinwohner und nutzen das Feuer, um Waldwachstum zu fördern.

»Das ist es, was unsere Ältesten wollten. Dass wir zusammenkommen, um diese Bäume zu pflegen, dass wir das Feuer nicht fürchten, sondern es verehren und respektieren.«

FRANK KANAWHA LAKE,
Ökologe und Karuk-Stammesmitglied

In manchen Regionen verschlimmert paradoxerweise ein »Waldbrand-Defizit« die Sache noch, denn jahrelange rigide Brandbekämpfung, auch wenn sie mittlerweile Jahrzehnte her ist, hat zur Folge, dass sich auf Waldböden unnatürlich große Mengen an brennbarem Material angesammelt haben. Zudem schaffen menschliche Eingriffe in die Natur (Bebauung, Infrastruktur, Rodungen zugunsten von Landwirtschaft, Umwandlung alter Waldbestände in Baumplantagen, Neubepflan-

Im Juni 2020 dauerte es zwei Tage, bis ein Waldbrand im Custer State Park in South Dakota, USA, unterdrückt war – mit »nur« rund 25 Hektar versengter Fläche im Vergleich zu Feuern im US-amerikanischen Westen ein »kleiner« Brand.

zung mit nicht heimischen Ziergräsern) immer feueranfälligere Landschaften. Und die Folgen der globalen Erderwärmung tun ein Übriges. Eine desaströse Kombination: Immer höhere Temperaturen trocknen das Land aus und machen das Totholz im Wald zu Zunder; immer stärkere Unwetter bringen mehr Blitze mit sich, die Wildfeuer entfachen, und Stürme, die die Flammen weitertragen. Und immer größere Brände generieren ihre eigenen Wettersysteme, die die bestehenden Probleme noch weiter verschärfen.

Dennoch, bei Menschen, die im engen Kontakt mit der Natur leben, wird das Feuer seit Langem als ein mächtiger Verbündeter geehrt. Die Gond, ein indigenes Volk in Indien, brennen den Wald einmal pro Jahr ab, um Tendu-Blätter zu ernten, die sie dann trocknen, um daraus *Bidis* zu drehen, eine zigarettenähnliche indische Tabakware. Und auch viele indigene Völker in ganz Nordamerika verbrennen das Unterholz, um den Waldboden für neues Leben aufzubereiten. Viele indigene Völker in verschiedenen Weltgegenden legten lange Zeit kleine Feuer, um große Brände zu verhindern. Seit den brandschutzbedingten Verboten dieser Technik wächst die Baumdichte in diesen Regionen, sodass sich Feuer noch viel verheerender ausbreiten.

Wir können heute also von alten indigenen Methoden lernen. Stammesälteste beraten mittlerweile professionelle Förster, und die weise Praxis des kontrollierten Abbrennens der Wälder findet Eingang in die moderne Forstwirtschaft.

Die Herausforderungen, vor die uns der globale Klimawandel stellt, verlangen nach Antworten aus vielen Richtungen. Nach neuen Wegen zu suchen, um uns mit dem Feuer wieder zu versöhnen und es zu nutzen, ist eine davon! ■

Dank epikormischer Knospen, sogenannter »schlafender« Knospen, die unter der Rinde ruhen, können sich Eukalyptusbäume nach einem Brand regenerieren.

Samenbank für Bäume

Was könnten wir tun, wenn Feuer, Kriege, Krankheiten oder der globale Klimawandel unsere Wälder dezimieren würden? Dies sind drängende Fragen, auf die einige Visionäre nach Antworten suchen.

Saatgut einzulagern, um Baumarten vor dem Aussterben zu bewahren, ist eine mehr als hundert Jahre alte Praktik. Sie begann mit dem russischen Botaniker Nikolai Iwanowitsch Wawilow, der Stalins Zorn trotzte und Saatgut aus aller Welt sammelte, vor allem Samen von Getreidepflanzen. Dieses Erbe im Dienst an der Landwirtschaft wird am Wawilow-Institut für Pflanzenindustrie in St. Petersburg fortgeführt.

Im Jahr 2001 verabschiedeten die Vereinten Nationen den »International Treaty on Plant Genetic Resources for Food and Agriculture« (Internationaler Saatgutvertrag), der sich der langfristigen Einlagerung von Saatgut und dem Erhalt landwirtschaftlicher Ressourcen verpflichtete, mit dem übergeordneten Ziel, den Hunger in der Welt zu bekämpfen. Sieben Jahre nach Vertragsunterzeichnung eröffnete Norwegen seinen weltberühmten Svalbard Global Seed Vault (Saatgut-Tresor), ein Hochsicherheitstrakt, für dessen Bau ein langer Tunnel in einen Felshang gebohrt wurde, tief hinein in den Permafrostboden der norwegischen Insel Spitzbergen. Weizen, Bohnen, Hafer, Roggen – tausenderlei Varianten der wichtigsten Nutzpflanzenarten der Welt – sind in Form fachmännisch getrockneter Samen unter streng kontrollierten Bedingungen hier verwahrt.

Saatgut gibt es in vielerlei Formen, Farben und Größen. In der Millennium Seed Bank der Royal Botanic Gardens Kew lagern lagern Samen von rund 40 000 Wildpflanzenarten.

Unterdessen begann die Millennium Seed Bank, unter der Schirmherrschaft der britischen Royal Botanic Gardens Kew (ältester botanischer Garten der Welt und UNESCO-Welterbe), ebenfalls mit dem Anlegen einer Saatgutsammlung in Zusammenarbeit mit regionalen Gruppen rund um die Welt. Derzeit lagern dort über zwei Milliarden Samen von rund 39 000 teils stark gefährdeten Pflanzenspezies in unterirdischen Gewölben im Wellcome Trust Millennium Building in Wakehurst (West Sussex).

Die ersten Baumsamen (Gemeine Fichte und Waldkiefer) trafen 2015 in Spitzbergen ein, Hunderte weitere folgten. Eine globale Baumsamenbank, heute Teil der Millennium-Genbank, verwahrt Baumsamenproben, die von rund 50 Projektpartnergruppen weltweit eingebracht wurden. Bäume stellen jedoch eine besondere Herausforderung dar. Lebensfähige Samen von Mangroven oder tropischen Bäumen müssen etwa völlig anders gehandhabt werden als die von Reis, Weizen oder Bohnen. Avocado- und Papayabäume, Teesträucher und selbst einige Eichen- und Ahornarten – tatsächlich ein Drittel aller Bäume – produzieren außerdem »rekalzitrante« (widerspenstige) Samen, für die Austrocknung tödlich ist. Nur die Kryokonservierung, die Lagerung bei extremen Minustemperaturen in flüssigem Stickstoff, scheint vielversprechend. ■

Eingang zum Svalbard Global Seed Vault, wo tief im Permafrostboden Spitzbergens Saatgut von Tausenden Pflanzen aus aller Welt verwahrt ist.

WIE BÄUME KENIA ERSCHUFEN

Der Gott Ngai, so erzählen es die Kikuyu, erschuf Gikuyu und Mumbi, die Stammeseltern ihres Volkes, und führte sie in ihr Heimatland Kenia. Mumbi gebar neun Töchter, aber keine Söhne. Als seine Töchter ins heiratsfähige Alter kamen, setzte sich Gikuyu unter den »Mugumo« – den heiligen Feigenbaum – und betete um Söhne, die seine Töchter ehelichen sollten. Er ward geheißen, jede Tochter in den Wald zu schicken, um von den Bäumen einen Zweig, so groß wie sie selbst, zu schneiden. Gikuyu entfachte ein Feuer, warf alle Zweige hinein und brachte ein Opferlamm dar. Aus diesem Feuer gingen Ehemänner für seine Töchter hervor, und aus den Paaren die Stämme Kenias.

Im Naturschutzgebiet Masai Mara in Kenia zeigt sich die Silhouette einer Akazie im Sonnenuntergang.

BERÜHMTE BÄUME

DER BAUM, DER FREIHEIT STIFTETE

Drei Meilen von jenem Ort entfernt, an dem 1619 in Virginia das erste Sklavenschiff anlandete, steht eine monumentale Eiche. Und vielleicht stand sie schon damals dort. Bis in die 1860er-Jahre war der historische Baum namens »Emancipation Oak« (Emanzipationseiche) zu einem robusten Exemplar herangewachsen. Während des Amerikanischen Bürgerkriegs von 1861 bis 1865 wurde das nur 120 Kilometer entfernte Richmond zur Hauptstadt der konföderierten Einheiten (aus den Südstaaten) – die Truppen der Unionsstaaten (aus dem Norden) besetzten das unweit östlich davon gelegene Fort Monroe in Hampton. Als drei freiheitssuchende Sklaven im Fort um Zuflucht baten, nahm der kommandierende Offizier Benjamin Butler sie auf und weitere kamen nach. Fort Monroe wurde als »Fort der Freiheit« bekannt und bot einer wachsenden afroamerikanischen Community im sogenannten Grand Contraband Camp sicheren Schutz.

Sklaven das Lesen und Schreiben beizubringen, galt in Virginia damals als Verbrechen. Nichtsdestotrotz begann eine mutige Frau namens Mary Smith Peake (ihre Mutter war eine freie Afroamerikanerin, ihr Vater ein Franzose) 1861 damit, im Schatten eben jener Eiche ihre ersten Schüler zu versammeln. Und 1863 lauschten hier die Menschen der Verlesung der »Emancipation Proclamation« durch Präsident Abraham Lincoln. Aus den Klassen von Mary S. Peake wurde nach 1864 die Butler School for Negro Children. 1868 ging daraus das Hampton Normal and Agricultural Institute hervor, das 1930 zum Hampton Institute und 1984 schließlich zur Hampton University wurde – bis heute eine der historisch bedeutendsten afroamerikanischen Hochschulen der USA. Und Zeuge all dessen war diese Eiche – ein lebendiges Denkmal des langen Weges zur Freiheit. ■

GEGENÜBER: Der Überlieferung nach versammelten sich die Menschen 1863 im Schatten dieser Eiche in Hampton, Virginia, um der Verlesung der »Emancipation Proclamation« zu lauschen.

FOLGENDE DOPPELSEITE: In Ningguo in der Provinz Anhui im östlichen China ragen aus stillen Wassern Bäume.

Ein Hort der Inspiration

Der schottisch-amerikanische Naturphilosoph John Muir schrieb einst: »Ich ging nur kurz hinaus, um einen Spaziergang zu machen. Doch indem ich hinaus ging, ging ich eigentlich hinein.«

Viele können dieses Gefühl nachempfinden. Ja, ein Waldspaziergang kann den Funken der Kreativität und des Selbstausdrucks neu entfachen. Aber warum ist das so und was passiert dabei genau?

Um empirische Studien über Aufenthalte in der Natur erstellen zu können, müssen Forscher geistige Erfahrungen in messbare, sprachliche Werte übersetzen. Vor allem drei Schlüsselaspekte stehen im Mittelpunkt dieser Forschungen, um die Wirkung des Waldes auf den Menschen zu studieren: Wiederherstellung der Aufmerksamkeitsfähigkeit (*Attention Restoration*), ein ungerichtetes, unangestrengtes Betrachten (*Soft Fascination*) und ehrfurchtsvolles Staunen (*Awe*).

Ersteres ist die Fähigkeit, uns geistig zu erholen, wenn unsere Aufmerksamkeit nach längeren Konzentrationsphasen erschöpft ist. Stadtverkehr, mediale Reizüberflutung, Multitasking, stressiger Job – all dies trägt zur »Gerichteten Aufmerksamkeitserschöpfung« (*Directed Attention Fatigue*) bei, die der Psychologe Stephen Kaplan 1995 in seiner bahnbrechenden Arbeit beschrieb. Folgestudien zeigten sogar, welche Gehirnareale dabei überlastet sind. Die Natur aber, so Kaplan, kann die geistige Energie eines Menschen wieder herstellen. Sie hilft uns dabei, dem Alltagsstress zu entfliehen und eine Verbindung zum großen Ganzen zu finden. Sie versetzt uns in einen erholsamen Gemütszustand, den Kaplan als *Soft Fascination* bezeichnet. Unser Geist ist wach und aufmerksam, und dabei so entspannt, dass

Ein Aufenthalt im Wald fördert die Selbstreflexion und belebt den kreativen Geist.

die Gedanken schweifen können. »Wolken, Sonnenuntergänge, Schneemuster, das Wiegen der Blätter im Wind«, schreibt Kaplan, »nehmen die Aufmerksamkeit ein, aber auf gänzlich undramatische Weise.« Die Natur kann außerdem ein »Gefühl der Ehrfurcht« (*Awe*) hervorrufen – eine weitere Erfahrung, die sich schwer in Worte fassen lässt. Das alles hat aber nichts mit »Freizeitspaß« zu tun, wie Forscher belegen konnten: Sie zeigten einer Gruppe von Probanden ein kurzes Video mit Walen und Wasserfällen. Eine Vergleichsgruppe sah ein Video mit Paraden und Konfetti – Ereignisse, die mit Spaß und guter Laune assoziiert werden. Eine anschließende Befragung beider Gruppen ergab, dass sich alle Probanden mit den Videos wohlgefühlt hatten. Diejenigen aber, die das Gefühl von ehrfurchtsvollem Staunen erlebt hatten, waren eher geneigt, sich anderen zuzuwenden, zogen neue Erfahrungen mehr Konsum vor und hatten das Gefühl, jede Menge Zeit zu haben. Wenn wir eintreten in den Wald, dann kommen wir intensiver mit uns selbst in Kontakt, können kreativer und mitfühlender werden. Dies ist natürlich eine stark vereinfachte Interpretation hunderter psychologischer Studien, die bestätigen, was viele schätzen und erleben: Ein Waldspaziergang erfrischt Geist sowie Seele und beflügelt die Fantasie. ■

Im finnischen Salamajärvi National Park führt ein Baumkronenpfad mitten durch die Wipfel.

Ewig lebt der Banyan-Baum

In seiner Heimat, in Zentral- und Südostasien, steht der Banyan-Baum im Ruf, dem Tod zu trotzen und ewig zu leben. Woran liegt das? Vielleicht daran, dass er gigantisch groß werden kann, sich kraftvoll ausbreitet oder auch, dass seine Lebensdauer die eines jeden Menschen weit übersteigt. Es könnte aber auch daran liegen, dass seine Wurzeln, Rinde, Blätter und Früchte bewährte Heilmittel für vielerlei Beschwerden liefern. Oder auch daran, dass er in seiner tropisch heißen Heimat mit seinem dichten ausladenden Kronendach ein wohltuender Schattenspender ist. Das Wort »Banyan« selbst stammt aus der indoarischen Sprache Gujarati und bedeutet »Händler« (die Menschen längst vergangener Jahrhunderte boten ihre Waren unter dem Blätterdach des Banyan-Baumes feil).

Mit seiner extravaganten Wuchsform, die nicht ins übliche Bild von einem Baum passen will, verströmt er eine faszinierende botanische Magie. Der Banyan-Baum wächst zunächst epiphytisch als Aufsitzerpflanze, das heißt, sein Samen keimt und wächst im Geäst anderer Bäume, bildet dann baumelnde Luftwurzeln aus, die bei Bodenkontakt einwurzeln und wieder neue Sprossen treiben. Im Sanskrit trägt der Banyan-Baum den Namen »Nyagrodha«, was »Herabwurzler« bedeutet. Alte hinduistische Texte nennen den Banyan einen kosmischen Baum, der die Entwicklung zu spiritueller Erleuchtung symbolisiert. All diese Gründe tragen wohl dazu bei, dass man in Indien den Banyan als Nationalbaum verehrt.

Auf dem Pipiwai Trail in Maui auf Hawaii scheint ein riesiger Banyan den Fotografen mit offenen Armen zu empfangen.

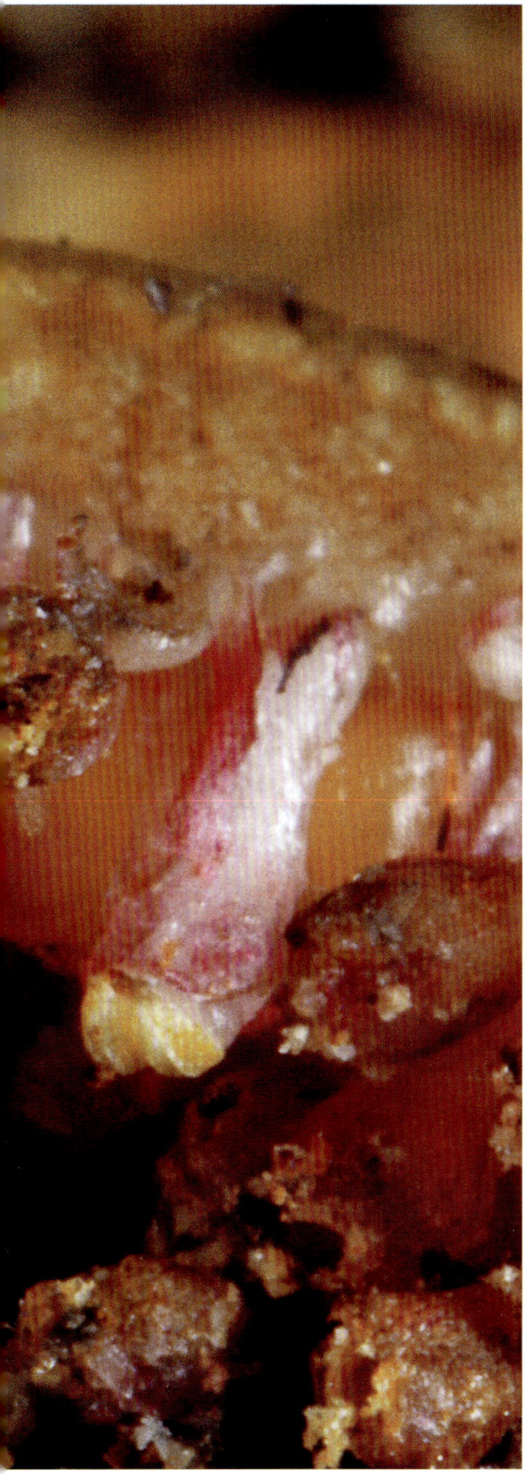

»Ewig gepriesen sei der Baum …«

EMILY DICKINSON

Botanisch zählt der Banyan-Baum zu den sogenannten Würgefeigen, die ihre Wurzeln wie lange Arme um Nachbarbäume schlingen und sie förmlich »erdrosseln«. Bekannt sind rund 900 Arten dieser *Ficus*-Bäume, die ursprünglich in Ostasien heimisch waren, heute aber weltweit wachsen. Biologen fasziniert insbesondere die mutualistische Symbiose zwischen diesen Bäumen und den Feigenwespen: Die Wespen legen ihre Eier in die Blütenstände der Feigen und übernehmen dabei die Bestäubung. Die Larven wachsen im Inneren der reifenden Früchte heran und sind durch das Fruchtfleisch geschützt. Die geschlüpften Wespenmännchen befruchten die Weibchen und graben nach dem Akt einen Tunnel hinaus aus der Feige, sodass der Zyklus von vorne beginnt.

Die hinduistische Tradition verbindet den Banyan-Baum mit der »Trimurti«, der göttlichen Dreiheit von Brahma, Vishnu sowie Shiva und geht davon aus, dass im Geäst des Heiligen Baumes noch andere Gottheiten tanzen. ■

Bestimmte Wespen- und Feigenarten brauchen sich gegenseitig, um zu überleben; so auch hier im Nebelwald von Monteverde in Costa Rica.

Güter aus Holz

Zahnstocher, Streichhölzer, Essstäbchen, Eisstiele, Hockeyschläger, Trommelschlägel und Tennisschläger. Ruderboote und Schaukelpferde. Hummerfallen, Vogelhäuser, Bienenstöcke. Wiegen und Särge. Dinge aus Holz, wohin man schaut. Und das ist längst nicht alles. Hinzu kommen Produkte aus Kork, Papier oder holzbasierten Biochemikalien – dazu Kienspan, Brennholz, Holzscheite, Holzkohle oder auch Holzreste, um Fleisch zu räuchern, den Ofen anzufeuern, um Wasser oder Nahrung zu erhitzen oder das Haus zu heizen. All diese guten Gaben haben wir den Bäumen zu verdanken.

So viele Dinge, die wir für selbstverständlich halten, sind aus Holz gewonnen, im Grunde aus toten Zellen. Der Wachstumsvorgang eines Baumes findet im Kambium statt, der Gewebeschicht direkt unter der Rinde. Jahr für Jahr bilden sich hier nach außen neue Zellen für die nächste Schicht, und die Holzzellen der alten Schicht verschieben sich nach innen, wo sie sich mit den vorherigen Zellen verbinden, sodass sich der Baumumfang immer weiter vergrößert (Dickenwachstum). Die älteste und dichteste Zellschicht im Innersten ist das Kernholz, der härteste Teil des Stammes. Bei einem Radialschnitt quer durch den Stamm zeigt sich das Kernholz als die inneren Jahresringe, im Längsschnitt als dichtere Maserung.

Jahrtausendelang haben Bauleute und Handwerker ihr Holz nach einer Vielzahl von Kriterien ausgewählt: Festigkeit und Formbarkeit, Dichte und Gewicht, Farbe und Maserung – nach Jahresringmustern, Verdrehungen, Narben und Astknoten,

Im indischen Kerala werden aus Bäumen durch spezielle Fertigungsverfahren winzige Späne und aus den Spänen praktische Streichhölzer.

oder sogar Insektenbefall, sprich nach allem, was spezielle Musterungen erzeugen und nach dem Bearbeiten akzentuiert werden kann.

Holz ist so sehr Teil unserer zivilisierten Welt, dass wir nicht einmal groß darüber nachdenken, woher es kommt; es ist einfach da. Doch die weltweite Nachfrage nach Holzprodukten wächst stetig. Nach Zahlen der Ernährungs- und Landwirtschaftsorganisation (FAO) der Vereinten Nationen für das Jahr 2019 belief sich die weltweite Holzfertigung, vornehmlich mit Materialien für Tischlerei und Bau, auf 2,866 Milliarden Kubikmeter – und damit auf ein Volumen, das die Wassermenge in einer Million Schwimmbecken olympischer Größe übersteigt. Holzschlag treibt die Entwaldung in vielen Teilen der Welt voran. Die Neupflanzung von Bäumen zum Zweck künftiger Abholzungen kann nur ein Teil dessen sein, was notwendig ist, um das natürliche Gleichgewicht wiederherzustellen. Regierungen und gemeinnützige Organisationen haben Standards und Überwachungspraktiken etabliert, um in der Holzindustrie eine Ethik des verantwortlichen Umgangs mit Umweltressourcen durchzusetzen. Jeder kann mitmachen, beginnend mit der simplen Erkenntnis, dass wir auf vielfältige Weise tagtäglich auf Holz, das Geschenk aus dem Wald, angewiesen sind. ■

Holzstämme liegen aufgestapelt auf einem Holzlagerplatz in Kanada, dem weltgrößten Produzenten und Exporteur von Holz.

Kreislauf des Lebens

Leben und Tod sind im Wald auf komplexe Weise miteinander verwoben. Bäume stürzen um, Baumstümpfe verrotten, Blätter verfaulen, Feuer schwelen. Tiere sterben, ihre Körper verwesen am Boden. Dann gehen andere Organismen zu Werke, verwandeln die toten organischen Reste in die Grundlage neuen Lebens und bilden daraus den reichhaltigen Humus, der einen künftigen Wald nähren wird.

Herabgefallene Blätter oder verrottende Baumstämme mögen uns als Inbegriff von Vergänglichkeit erscheinen, tatsächlich aber wimmelt es dort von Leben, wie jeder weiß, der schon mal in einem Laubhaufen gewühlt oder ein morsches Stück Holz vom Boden aufgehoben hat: Darunter wuselt es nur so von emsigen Lebewesen, die ihre Nährstoffe aus verrottenden organischen Substanzen ziehen und Stoffe hinterlassen, die bodenbildend wirken. Auch viele Bakterien- und Pilzarten, die über Enzyme verfügen, um das Holzgewebe zu zersetzen, sind eifrig zugange.

Holzzersetzende Pilze sind vielleicht schon in den Baum eingedrungen, bevor dieser fiel und starb. Nun bilden sie Pilzfäden, die tief in das Totholz vorstoßen, um sich in aufgespaltenen Ritzen zu etablieren und die Fruchtkörper zu entwickeln, die wir Pilze nennen. Auf dem Waldboden keimen Pflanzen, deren durstige Wurzeln sich durch die vermodernde organische Masse schieben.

Wirbellose Tiere in Hülle und Fülle – Insekten, Spinnen, Würmer, Maden, Tausendfüßler, Milben und andere – verwandeln das verrottende Holz. Einige graben sich hinein, um sich von Pilzen zu ernähren oder Nester zu bauen. Andere können

Pilzmyzelien dringen in einen modernden Baumstamm ein – ein wunderbares Beispiel für ein perfektes Zusammenspiel im natürlichen Kreislauf von Verfall und Erneuerung.

tatsächlich Holz verdauen, allen voran die Termiten. Zuckerkäfer (*Passalidae*) verzehren binnen einer Woche so viel Faulholz, dass sie das Fünffache ihres Körpergewichts an pulvrigen Exkrementen produzieren. Diese Exkremente verzehren sie erneut und nisten ihre Jungen darin ein, die diese Exkremente dann in sich aufnehmen und so in ihrem Verdauungstrakt die für die Holzverdauung erforderlichen Bakterien anreichern.

Insektenfressende Waldbewohner wie Frösche, Eidechsen, Maulwürfe und Co wühlen sich durch das faulende Holz und spalten es weiter auf.

All diese Aktivitäten kommen dem Wald zugute. In den Holzzellen eingeschlossene Elemente – insbesondere Stickstoff – werden freigesetzt, wodurch sie für benachbarte Baumwurzeln, die unterirdisch nach Nahrung suchen, besser verfügbar sind.

Es tut gut, im Dickicht zu wühlen, die nach Wald duftende Erde in der Hand zu fühlen, die weiche Konsistenz dieses nährstoffreichen, dunklen Humus zu spüren. In einem gesunden Wald entsteht er ganz von selbst und ist Ergebnis eines wunderbaren Zusammenspiels aller Lebewesen, die zum Kreislauf von Werden und Vergehen und ewig neuem Leben beitragen. ■

Bakterien, Pilze und wirbellose Tiere verwandeln einen umgestürzten Baum in nährstoffreichen Humus.

BERÜHMTE BÄUME

ÜBERLEBENDER EINES TRAUMAS

So mancher Baum trotzt Wind und Wetter; und die meisten auch den Stürmen politischer Veränderungen. Einige Bäume überstehen wie durch ein Wunder sogar die Traumata von Krieg und Terror.

In New York City stand nach dem Anschlag auf das World Trade Center am 11. September 2001 nur noch ein einziger Baum. Ausgegraben und von fachkundigen Händen jahrelang gesund gepflegt, wurde der »Survivor Tree« (Überlebensbaum) 2010 auf der 9/11 Memorial Plaza neu eingepflanzt – als einziger Birnbaum inmitten von Eichen. Und in Oklahoma City überstand eine einzige Ulme die Explosion des Bombenanschlags auf ein Bundesgebäude im Jahr 1995; zunächst war bis auf ein paar Aststümpfe so gut wie nichts mehr von ihr übrig, heute breitet sie wieder ihr belaubtes Blätterdach aus.

Und auch außerhalb der USA gibt es erstaunliche botanische Überlebenskünstler. Die Japaner haben für die 170 Bäume, die rund um Hiroshima den Abwurf der Atombombe am 6. August 1945 überstanden, sogar einen eigenen Namen: »Hibaku jumoku« – zusammengesetzt aus den Schriftzeichen für »Bombardiertwerden« und »Bäume«. Die Einheimischen pflegen diese Zeugen der Vergangenheit – darunter Ginkgo-, Kampfer-, Weiden-, Kirsch- und Eukalyptusbäume. Einer davon wächst mitten durch das Tor eines buddhistischen Tempels; ein anderer steht nur rund einen Kilometer vom Epizentrum der Explosion entfernt vor dem Eingang eines wiedererbauten Tempels. Für die Einheimischen haben diese Bäume eine enorme Bedeutung. »Als all die Menschen um mich herum an den Folgen der Verstrahlung starben und ich auch selbst um mein Leben fürchtete, da sah ich diesen Baum, der Knospen trieb, und dachte, es wird schon irgendwie weitergehen«, erzählte eine Frau. ■

Der »Survivor Tree«, der den Anschlag vom 11. September 2001 in NYC überlebt hat, blüht jedes Frühjahr aufs Neue, umgeben von neuen Gebäuden, darunter das 541,3 Meter hohe One World Trade Center.

KAPITEL SECHS

WALD

Willkommen im Wald: Er erquickt, stärkt und schenkt friedvolle Ruhe.

Waldbaden

Im Jahr 1982 ersannen kreative Köpfe im japanischen Ministerium für Landwirtschaft, Forstwirtschaft und Fischerei einen ganz neuen Weg, um die Ängste einer zunehmend urbanen Kultur zu lindern und die Aufmerksamkeit wieder stärker auf die wunderschönen Wälder des Landes zu lenken. Tomohide Akiyama, Generaldirektor des Ministeriums, nannte das Konzept »Shinrin-Yoku«, eine neue Wortschöpfung, welche die japanischen Schriftzeichen für Wald, Bäume und das Gefühl von Fülle vereint. Eine andere Übersetzung lautet »Waldbaden«, eine mittlerweile weltweit verbreitete Praktik.

Das Konzept, das seine spirituellen Wurzeln im Shintō-Glauben hat, der sich stark auf die Natur bezieht und dem viele Japaner anhängen, ist mittlerweile zum Trend geworden. Vielerorts gibt es geführte Waldbaden-Touren und naturtherapeutische Angebote. Und auch zahlreiche Studien bestätigen die positiven Effekte des Waldes auf unser körperliches und psychisches Befinden.

In seinem bahnbrechenden Buch *Forest Bathing* (Waldbaden) beschreibt Dr. Qing Li das Konzept so: »Einfach in der Natur sein und sich durch alle Sinne mit ihr verbinden, durch das Sehen, Hören, Schmecken, Riechen und Fühlen.« Wichtig ist, sich zu bewegen, einen längeren Spaziergang zu unternehmen oder auch mehrere Tage und Nächte im Wald zu verbringen – ohne Handy und Laptop, ohne Streaming-Dienste und soziale Medien, ob allein, mit Freunden, Gleichgesinnten oder einem geschulten Trainer.

GEGENÜBER: Selbst ein abgefallener Ast dieses Riesenmammutbaumes (California Redwood) lässt die menschliche Gestalt immer noch zwergenhaft klein erscheinen – Ehrfurcht einflößend und belebend für Geist und Seele.

VORHERGEHENDE DOPPELSEITE: In der japanischen Präfektur Aomori lassen die in herbstliche Farben getauchten Bäume erahnen, warum das Waldbaden seinen Ursprung in diesem Land hat.

Waldbaden, das bewusste Eintauchen in die Waldatmosphäre, ist gesund, wie eine Reihe neuer Studien belegt: Pulsfrequenz und Blutdruck sinken; Ängste, Depressionen, Schlafstörungen oder sogar Suchtleiden werden gelindert; die Konzentration des Stresshormons Cortisol im Körper wird gesenkt, und bei Diabetikern verbessern sich die Zuckerwerte im Blut. Einige Studien zeigen zudem, dass Waldbaden das Immunsystem stärkt und die natürlichen Killerzellen gegen Krebs aktiviert.

In Japan gibt es mindestens 62 ausgewiesene »Shinrin-Yoku«-Wälder; weltweit haben Hunderte von Menschen eine Ausbildung zum zertifizierten Trainer absolviert.

Doch so gut die Idee auch ist, das Waldbaden ist zu einem großen Geschäft geworden – vielleicht ein Zeichen dafür, wie weit unser Alltagsleben uns von der Natur entfernt hat.

Ein simpler Spaziergang im Grünen, im Park oder über Wiesen und Felder, jeden Tag, so lange wie möglich: Auch das ist »Waldbaden«! ■

Sonnenlicht schimmert durch ein Blätterdach auf Bali – Momente der Kontemplation, unabhängig von Religion und Glauben.

Uralte Wälder

Der Wald der Märchen ist immer ein alter Wald. Majestätische Bäume komplementärer Arten teilen sich den Raum und beschatten den Waldboden. Alte und junge, blühende und vergehende, selbst tote Stümpfe und modernde Stämme haben hier ihre eigene Schönheit. Wildblumen säumen die Pfade, die öfter von Rehen als von Menschen frequentiert werden. Eichhörnchen, Eidechsen und Spechte – liebenswerte Tierchen, sind emsig bei der Arbeit.

»Hier ist herrlicher Urwald«, wie Henry Wadsworth Longfellow in seinem Versepos *Evangeline* schrieb – ein poetisches Ideal. Und solche Orte gibt es wirklich auf der Welt. Wir nennen sie Ur- oder Primärwälder, eine klare wissenschaftliche Definition gibt es aber keine, denn die dafür relevanten Kriterien werden immer noch debattiert. Alter der Bäume? Vorherrschende Arten? Messbare Eingriffe des Menschen? Das Zusammenspiel all dieser Faktoren?

In ihrem Waldbericht von 2020 definiert die Ernährungs- und Landwirtschaftsorganisation (FAO) der Vereinten Nationen einen Primärwald als einen »natürlich regenerierten Wald mit einheimischen Baumarten, in dem es keine deutlich sichtbaren Anzeichen für menschliche Aktivitäten gibt und die ökologischen Prozesse nicht nennenswert gestört sind«, einschließlich »der Wälder, in denen indigene Völker traditionelle Waldbewirtschaftung betreiben«.

Aber nur noch wenige Wälder auf der Welt erfüllen diese Kriterien. Dem Bericht zufolge sind rund 31 Prozent der globalen Landoberfläche mit Wäldern bedeckt:

Diese Antarktischen Südbuchen in einem subtropischen Regenwald in Australien stehen vermutlich schon seit Jahrhunderten an ihrem Platz.

4,06 Milliarden Hektar oder 40,6 Millionen Quadratkilometer. Und über die Hälfte dieser Fläche liegt in Russland, China, Brasilien, Kanada und den USA. Sieben Prozent der Wälder der Erde (rund 2,6 Millionen Quadratkilometer) wurden kontrolliert angelegt, die Hälfte davon als Plantagen mit nur ein oder zwei Baumarten, um das Holz möglichst schnell abzuernten. Mit dem Bild eines idealtypischen Märchenwaldes hat dies nichts gemein. Laut Bericht der Vereinten Nationen gelten nur etwas mehr als 25 Prozent der Gesamtwaldflächen der Erde als Primärwälder. Einige sind Hartholzwälder der gemäßigten Zone, wie etwa der Białowieża-Urwald in Belarus und Polen. Einige sind gemäßigte Regenwälder, wie der Tongass National Forest in Alaska oder die Gondwana-Regenwälder in Australien. Jedes einzelne dieser wertvollen Gebiete ist in irgendeiner Weise bedroht, von legalem sowie illegalem Holzschlag, von Bränden oder vom Klimawandel. Es gibt in der Tat so gut wie nirgendwo mehr einen Urwald, der nicht um Hilfe riefe. Ohne diese Wälder aber verlieren wir nicht nur ihre biologische Vielfalt, sondern auch ihre Schönheit, sagt Joan Maloof, Gründerin des Old-Growth Forest Network. Verhindern wir also das vollständige Verschwinden der Urwälder. Einmal fort wären sie nur noch der Stoff, aus dem die Märchen sind. ■

Riesige Fichten stehen in einem der uralten Waldhabitate Nordamerikas, dem Tongass National Forest in Alaska.

DER UMGEKEHRTE BAUM DER WEISHEIT

Die *Bhagavad Gita* (»Gesang des Erhabenen«), eine der wichtigsten alten Schriften des Hinduismus, beschreibt die Welt als einen auf dem Kopf stehenden Baum, die Äste unten, die Wurzeln oben. Brahma, der Schöpfer, wohnt in den Wurzeln. Shiva, der Zerstörer, wohnt im Stamm. Vishnu, der Bewahrer, wohnt in den Zweigen, die in alle Richtungen wachsen und bis zum Boden reichen – in der dinglichen Welt, in der auch wir Menschen unser Leben verankern. Die Blätter des großen Baumes schimmern im Wind, ein jedes ein Vers der Weisheit, der Wahrheit spricht und den Pfad nach oben weist, hin zum göttlichen Bewusstsein im Zentrum seiner Wurzeln.

Der Blick geht hoch hinauf, während Wurzeln diesen Banyan-Baum in Makawao auf dem hawaiianischen Maui im Erdreich verankern.

Wälder inmitten der Stadt

Für Ökonomen sind Bäume »Naturkapital«. Sie arbeiten hart für uns: Sie reinigen die Luft, wirken kühlend im Sommer und bremsen eisige Winde im Winter; sie dämpfen Verkehrs- und Baulärm, nehmen Regenwasser auf und fördern so die Bildung von Grundwasser, und sie sind wichtig für die menschliche Gesundheit, die körperliche wie die psychische. Kurzum, Bäume verbessern unsere Lebensqualität, wie Ökonomen statistisch belegen können. Die Forstverwaltung der Vereinigten Staaten (USFS) schätzt, dass eine Investition von einem Dollar in die Pflanzung von Bäumen in der Stadt eine Rendite von 3,09 US-Dollar pro Jahr bringen könnte. Auf einen Zeitraum von 20 Jahren gerechnet, so die Analyse, entzieht ein Rotahornbaum in Ohio der Atmosphäre 3100 Pfund Kohlendioxid, reduziert den CO_2-Ausstoß um 5500 Pfund, spart 570 Kilowattstunden Strom ein und filtert 15 Pfund schädliche flüchtige organische Substanzen aus der Luft. Für eine Studie untersuchten Ökonomen zehn US-amerikanische Megastädte mit mehr als zehn Millionen Einwohnern, berechneten den durchschnittlichen Nutzen ihrer Bäume auf 482 Millionen Dollar pro Jahr und bezifferten zudem ihre Fähigkeit, schädliche Gase und Feinstaub aus der Luft zu filtern. Das Landwirtschaftsministerium schätzt, dass zusätzliche 100 Millionen ausgereifte Bäume in den US-amerikanischen Städten die jährlichen Energiekosten um zwei Milliarden Dollar senken würden.

Singapur ist in dieser Hinsicht ein inspirierendes Vorbild. In nur wenigen Jahrzehnten hat sich die Inselrepublik nach einer städtebaulichen Beton-Phase zu einer

Die meterhohen »Superbäume« in Singapur, begrünte Konstruktionen aus Stahl und Beton, sind den vielen Bäumen nachempfunden, die in den letzten 50 Jahren in Singapur gepflanzt wurden.

grünen Oase entwickelt. In den 1970er- und 1980er-Jahren schuf der zunehmend wohlhabender werdende Stadtstaat immer mehr Grünanlagen für Freizeit und Erholung; ab den frühen 2000er-Jahren wurde verfügt, dass alle neuen Bauvorhaben durch neue Baumpflanzungen und Grünräume auszugleichen seien. Die One Million Trees Initiative engagiert sich seit 2020 unter anderem dafür, verlorene Bestände heimischer Arten wieder aufzuforsten, darunter auch Mangrovenwälder.

Heute gilt die Anlage von Grünräumen in den Städten als eine wirtschaftlich, ökologisch und gesundheitlich sinnvolle Investition. Mehr Grün bedeutet mehr Lebensqualität für die Einwohner – ein Aspekt, der als »Tree Equity« (Baumgerechtigkeit) bezeichnet wird. Laut der Non-Profit-Organisation American Forests ist »eine Kartierung des Baumbestandes oft gleichbedeutend mit einer Kartierung von Einkommen und Ethnie«, mit deutlich weniger Bäumen in den am stärksten benachteiligten Vierteln. Wie Studien belegen, gibt es in grüneren Stadtteilen weniger Vandalismus und sogar weniger Kriminalität. Gerade benachteiligte Viertel also sind es, die Grünflächen am allernötigsten brauchen. Und diese müssen nicht auf den Boden beschränkt sein: Auch Fassaden, Dächer und Co eignen sich zum Anlegen urbaner Gärten. ■

Im italienischen Mailand verwandeln Bäume und Sträucher Stadthäuser in eine vertikale grüne Landschaft.

Der Wald im Haus

Warum schauen wir aus dem Fenster? Um in den Tag hineinzuträumen? Um Zeit totzuschlagen? Um Löcher in die Luft zu starren? Um uns vor der Arbeit zu drücken? Wer ans Haus gefesselt ist, lechzt nach einem Blick ins Freie. Aber warum und wozu?

Nicht nur ein Waldspaziergang, sondern bereits der Blick ins Grüne verändert das Leben der Menschen nachhaltig, wie psychologische Untersuchungen seit den 1980er-Jahren zeigen. Gefängnisinsassen in Zellen mit Fenstern, die Blick auf Felder boten, meldeten sich seltener krank als diejenigen, die von ihrem Fenster aus nur den Gefängnishof sehen konnten. Und Patienten, die nach einer Operation vom Krankenbett aus in einen Garten blickten, erholten sich schneller und besser als diejenigen, die auf eine Backsteinmauer blickten. Wie sich herausstellte, gilt das Gleiche auch für Menschen in Büros und Wohnungen. Der Blick auf Bäume und Grünflächen wirkt wohltuend auf Körper und Geist und aktiviert die Aufmerksamkeit.

Auch Zimmerpflanzen können viel bewirken. Welchen Wert sie in einem Arbeitsumfeld haben, haben Studien genauer unter die Lupe genommen und dabei sowohl Anzahl als auch Größe und Standort der Pflanzen berücksichtigt. Erwiesen ist, dass Menschen mit Topfpflanzen am Arbeitsplatz gesünder und glücklicher sind. Die weitverbreitete Annahme hingegen, dass Zimmerpflanzen die Luft reinigen, ist möglicherweise ein Irrglaube, vermutlich angestoßen durch

Zimmerpflanzen, kleine und große, bringen die heilsame Wirkung der Natur in unseren Alltag.

eine NASA-Studie aus dem Jahr 1989. Mit Blick auf künftige Lebensräume im Weltraum gingen die Forscher der Frage nach, ob lebende Pflanzen in versiegelten Räumen Schmutz- und Schadstoffe wie etwa Benzol, Trichlorethylen oder Formaldehyd aus der Luft herausfiltern können. Bei der Studie schienen die Pflanzen tatsächlich luftreinigende Effekte zu haben, da die Experimente aber in geschlossenen Systemen durchgeführt wurden, die wenig mit einer Wohnung gemein haben, sind sie aus heutiger Sicht nicht sehr aussagekräftig. Neuere Studien zeigten, dass Zimmerpflanzen die Menge flüchtiger organischer Verbindungen deutlich weniger effektiv reduzieren als ein geöffnetes Fenster oder eine andere Art von Luftaustausch.

Dennoch sollte man den positiven Aspekt von Zimmerpflanzen nicht unterschätzen. Eine Studie untersuchte beispielsweise die physiologischen Auswirkungen unterschiedlicher Tätigkeiten: Eine Gruppe von Probanden arbeitete am PC, die andere war mit dem Umtopfen von Pflanzen beschäftigt. Die Probanden, die die Bürotätigkeit ausübten, fühlten sich nach der Arbeit nervös und unruhig, die, die ihren grünen Daumen trainierten, hingegen entspannt und ruhig. Daraus folgt: Auch kleine »Gartenarbeiten« in Innenräumen wirken revitalisierend auf uns Menschen. ■

Studien zeigen immer wieder, dass der Blick ins Grüne Geist und Seele neu belebt.

Faszinierende Andersartigkeit

Ein Ausflug in den Wald regt alle Sinne an. Man hört, riecht, sieht, fühlt und schmeckt die Natur. Weiches Moos unter den Füßen, waldig frische Luft um die Nase, umfangen von einer ganz anderen Welt – Schlüsselelemente der erfrischenden und heilsamen Kraft der Natur.

Neurowissenschaftler sind fasziniert davon, wie sich diese transzendenten Momente der Naturerfahrung im menschlichen Gehirn manifestieren. Sie erforschen den sogenannten »Standardmodus« – den Ruhemodus des Gehirns, das auch dann aktiv ist, wenn wir die Augen schließen und scheinbar an nichts denken. Tatsächlich fließen etwa 90 Prozent der vom menschlichen Gehirn aufgewendeten Energie in intrinsische Vorgänge und nicht in bewusste geistige Anstrengungen. Doch dieser »Standardmodus« hat nichts zu tun mit negativer Selbstversunkenheit. Beim Grübeln werden der subgenuale oder der ventromediale Cortex aktiviert, Hirnregionen tief im Frontallappen, die an bipolaren Störungen und Depressionen beteiligt sind. Eine Studie ergab, dass Probanden nach einem Spaziergang durch den Park in diesen Hirnarealen geringere Aktivitäten aufwiesen als Probanden, die sich mitten durch die Stadt bewegten. Einmal mehr zeigte sich, dass Bewegung in der Natur dazu beiträgt, das körperliche Wohlbefinden zu steigern und die Sorgen des Alltags hinter sich zu lassen.

Die Natur trägt also dazu bei, die Selbstempathie zu stärken und Ruhe sowie Gelassenheit zu empfinden.

Ein Spaziergang durch den Wald oder Park lenkt die Aufmerksamkeit um. Negative Gefühle verklingen und weichen Wohlbefinden.

Doch hat dies auch Auswirkungen auf unsere Beziehungen zu anderen? Mit dieser Frage hat sich der Psychologe John Zelenski beschäftigt und einige Experimente durchgeführt. Drei verschiedene Gruppen von Probanden bekamen drei verschiedene Videos zu sehen: eine Naturdoku, eine Dokumentation über Architektur und eine Sequenz mit bewegten geometrischen Formen, begleitet von einem gesprochenen Text über das Schreiben. Anschließend spielten alle ein Angelspiel, mit der klar formulierten Regel, dass alle anderen Mitspieler leer ausgingen, wenn man zu viele Fische für sich selbst an den Haken nahm. Die Gruppe, die den Naturfilm gesehen hatte, angelte weniger Fische für sich selbst als die beiden anderen Gruppen, was den Schluss nahelegt, dass ein Naturerlebnis die Empathie fördert und das soziale Miteinander stärkt.

Naturerlebnisse – ein Spaziergang durch Wald oder Park oder auch nur ein paar Minuten der Beschäftigung mit Erde und Pflanzen im Haus oder im Büro – schaffen eine Verbindung mit der erfrischenden Welt der Andersartigkeit. Dichter, Philosophen und heute auch Psychologen sagen uns: Die Natur durchdringt uns mit Empathie – für andere ebenso wie für uns selbst. ■

Im Schein der Nordlichter zeichnet ein Horizont aus immergrünen Nadelbäumen in Alaska die Grenze zwischen Fluss und Himmel.

Schon immer heilsam

Vor über 150 Jahren setzte sich Frederick Law Olmsted, ein Pionier der Landschaftsarchitektur und vor allem für die Gestaltung des Central Park in New York City bekannt, für die Gründung eines staatlichen Naturschutzgebietes ein. Entstanden ist daraus der Yosemite National Park in Kalifornien, mit seinem weltberühmten »Mariposa Grove«, einem Hain aus Riesenmammutbäumen. Olmsteds Philosophie nimmt viele der heutigen Erkenntnisse über den gesundheitsfördernden Einfluss der Natur vorweg.

»Es ist ein wissenschaftliches Faktum, dass die gelegentliche Betrachtung eindrucksvoller Naturszenarien, vor allem wenn sie einhergeht mit einer Befreiung von Alltagssorgen, mit Luftveränderung und Unterbrechung des gewohnten Taktes, sich günstig auf die Gesundheit und Kraft des Menschen auswirkt, speziell auf die Gesundheit und Kraft seines Geistes, denn sie übersteigt alles, was sich ihm irgend sonst bieten könnte«, schreibt Olmsted in einer für uns heute kaum mehr verständlichen Rhetorik. Doch seine Worte sind es wert, gehört zu werden.

Besuche in Naturräumen wie dem Yosemite National Park können sich »günstig« auf »Gesundheit und Kraft« auswirken – insbesondere auf die Gesundheit und Kraft des Intellekts, wie Olmsted beobachtete. Und besonders förderlich ist es, dass Aufenthalte in grüner Natur »Befreiung von Alltagssorgen« und eine »Unterbrechung des gewohnten Takts« bieten. Momente in der Natur bereiten nicht nur Freude, sondern sie schaffen auch eine dauerhafte »Fähigkeit zum Glücklichsein«, die lange währt.

Riesenmammutbäume des »Mariposa Grove« in Kalifornien, die der Landschaftsarchitekt Frederick Law Olmsted bereits im 19. Jahrhundert als besonders schützenswert erkannte.

Im weiteren Verlauf des Berichts stellt Olmsted »Belange jenseits des Augenblicks« dem unmittelbaren Moment im Wald gegenüber. Die Freude an der Natur »steht für sich selbst und für den Moment, in dem sie erlebt wird«, schreibt er. »Die Aufmerksamkeit wird geweckt und der Geist gelenkt, ohne dass (…) Handlungen, Gedanken oder Wahrnehmungen in diesem Moment ziel- oder zweckgerichtet sind.«

Doch mit seinen eloquenten Ausführungen konnte der große Landschaftsarchitekt Olmsted die Kommissionsmitglieder letztlich nicht von seinen Ideen überzeugen, und so wurden sie der kalifornischen Legislative nie vorgelegt. Ein handschriftlicher Entwurf wurde erst nach seinem Tod abgetippt. Seine Worte, verfasst 1865 nach dem Sezessionskrieg und in einer Zeit der »primitiven Medizin«, mögen undurchsichtig sein. Doch sie transportieren genau dieselben Erkenntnisse, zu denen auch moderne Psychologen und Neurowissenschaftler heute gelangen, wenn sie die Heilkraft der Natur auf uns Menschen untersuchen.

Die unmittelbare Erfahrung der Natur, ein Gefühl der Ehrfurcht, Schönheit und Harmonie, die beruhigende Wirkung auf Geist und Seele, die körperliche Erquickung – heilsame Erlebnisse, die noch lange wirken. ■

Am Olmsted Point im Yosemite National Park in Kalifornien, USA, krallt sich ein Baum in steinigen Grund.

BERÜHMTE BÄUME

BÄUME, DIE IM WIND GEBETE FLÜSTERN

Wie das indigene Volk der Ute erzählt, haben diese amerikanischen Ureinwohner immer schon auf diesem Land gelebt. Einst, vor langer Zeit, zogen sie durch weite Gebiete, die heute Colorado und Utah heißen. Bis zum 16. Jahrhundert, als die Spanier kamen, zogen sie frei umher, erkannten den Geist, der allen Dingen ringsum innewohnt: den Bergen und Tälern, den Pflanzen und Tieren. Bäume waren für sie heilige Wesen, insbesondere die Amerikanische Goldkiefer. Dieser Baum lieferte den Ute Material zum Flechten von Körben, wertvolle Medizin und in den kalten Monaten die süße innere Rinde – lange bevor der Sommer ihnen andere Nahrung schenkte.

Die Goldkiefern erwiderten die Fürsorge und den Respekt der Ureinwohner, indem sie ihnen erlaubten, ihre Schösslinge in wundersame Formen zu biegen: spitz zulaufend, spiralförmig, miteinander verbunden – einer innigen Umarmung gleich. Jahrhundertelang wiesen diese Bäume den Weg zu heiligen Stätten und markierten Gräber. Die Menschen beugten einen Jungbaum nieder, banden ihn mit einem Yucca-Seil fest und hielten eine Zeremonie ab – in der Überzeugung, dass der Baum ihre Gebete 800 Jahre lang bewahren und sie mit jedem Windhauch durch das Rascheln seiner Blätter erneut flüstern würde.

Seit jenen Tagen hat das Volk der Ute eine ebenso große Widerstandskraft bewiesen wie die Bäume. Noch heute gibt es mehrere Ute-Stämme und zwei Ute-Reservate, eines in Colorado und eines dort, wo Colorado, New Mexico und Utah zusammentreffen. Und die Gebetsbäume stehen noch immer – so wie dieser im Fox Run Regional Park südlich von Denver (Colorado), wo jede Brise die Gebete der indigenen Ahnen noch immer hoch gen Himmel trägt. ■

Nahe Colorado Springs in den USA steht als heiliges Wegzeichen dieser Gebetsbaum, eine Goldkiefer, in Form gebogen vor langer Zeit vom Volk der Ute.

Bäume sind Beziehungswesen

Es scheint leicht, Bäume in Kategorien zu verweisen, die im Ansatz der unbelebten Natur angehören – sie bewegen sich ja nicht, reden nicht und scheinen rein passiv auf Misshandlungen zu reagieren, die wir ihnen zufügen. Doch bahnbrechende Experimente belegen etwas anderes. Einige Wissenschaftler erkennen in den Interaktionen von Bäumen Kommunikation, gegenseitige Fürsorge und regelrechte Familienbeziehungen.

Akazien in der Savanne Afrikas gehören zu den ersten dokumentierten Fällen dieser Studien. Sobald eine Giraffe sich Blätter einer Akazie schnappt und darauf kaut, wird das Pflanzenhormon Ethen in die Umgebungsluft freigesetzt, um Nachbarbäume zu warnen, die dann Gerbstoffe mit bitterem Geschmack entwickeln, um die hungrigen Giraffen fernzuhalten. Studien an anderen Pflanzenarten ergaben, dass beschnittene Nadelbäume ganz ähnlich reagieren und chemische Botenstoffe als Warnung an benachbarte Bäume aussenden – und zwar nicht nur an Artgenossen.

Der Informationsfluss erfolgt aber auch unterirdisch über ausgedehnte Pilzgeflechte im Waldboden (Mykorrhiza), ein gigantisches Kommunikationsnetzwerk das die Pilze mit dem Feinwurzelsystem der Pflanzen verbindet. Kreuz und quer durch den Wald sind feine Pilzwurzeln mit den Wurzeln der Bäume verwoben. Ein Quadratmeter Waldboden kann Hunderte von Kilometern an Pilzfäden enthalten. Bäume und Pilze verweben sich zu einem komplexen unterirdischen Netzwerk

Flechten, Moose, Mikroben und Wirbellose verwandeln einen verrottenden Baumstamm in einen »Futtertrog« für austreibende Jungkiefern.

»Das Geben und Nehmen der Natur – der stillschweigende Austausch und das Streben nach Gleichgewicht – folgt einer weisen Notwendigkeit. Die Natur ist unglaublich freigiebig.«

SUZANNE SIMARD,
Die Weisheit der Wälder

und gehen eine symbiotische Beziehung ein. Die Bäume geben einen Teil des Zuckers ab, den sie durch Fotosynthese produzieren; dafür nehmen die Pilze mineralreiche Feuchtigkeit auf und geben sie an die Bäume weiter. So gedeihen beide dank des jeweils anderen. Doch wie Wissenschaftler gerade ergründen, gibt es symbiotische Beziehungen offenbar nicht nur zwischen Pilzen und Bäumen, sondern auch zwischen den Bäumen selbst.

Um die Ausdehnung dieser Form der Waldkommunikation festzustellen und den Bindungen der

Dieser große verrottende Baumstamm auf Vancouver Island in Kanada nährt junge Nadelbäume.

Bäume nachzuspüren, startete die Forstwissenschaftlerin Suzanne Simard mit ihren Doktoranden ein Experiment: Sie packten drei Setzlinge unterschiedlicher Baumarten in Säcke, die Wurzelsysteme durch engmaschige Netze voneinander getrennt, und induzierten ihnen Isotope zur Identifizierung. Und tatsächlich, wo die Bäume lebhafte Beziehungen mit den Pilzen unterhielten, wanderten die Isotope von Baum zu Baum, sogar von Spezies zu Spezies. Die Wurzeln der Bäume selbst konnten sich nicht berühren, wohl aber die Pilzfäden zwischen ihnen. Es gelangten also Signale durch die Mykorrhiza in die voneinander getrennten Setzlinge. Als die Forscher dann sämtliche Nadeln von den Setzlingen der Douglas-Tanne entfernten, reagierten die Setzlinge der Goldkiefer in Windeseile, bauten Abwehrenzyme auf und verbreiteten Warnsignale über das komplexe unterirdische Kommunikationssystem von Baum zu Baum, von Spezies zu Spezies.

Projiziert man diese Erkenntnisse auf den gesamten Wald, wird es noch komplizierter. Das Netz der Pilzfäden verbindet Bäume und interagiert mit einigen Arten lebhafter als mit anderen. Verschiedene Arten bestehen nebeneinander, da die Mykorrhiza, von denen ihre Wurzeln umwachsen sind, auch zu einer ausgleichenden Verteilung der Ressourcen innerhalb der Lebensgemeinschaft des Waldes beitragen. Um zu verstehen, warum welche Bäume gedeihen und sich regenerieren, und welche eingehen und sterben, müssen Forscher also die Pilze verstehen, die sie verbinden. Simards Arbeit zeigt, dass zu einem gesunden und florierenden Wald auch sogenannte Mutterbäume gehören – ältere Bäume, die für die umliegenden Bäume eine Lebensquelle darstellen, sogar dann noch, wenn sie sterben. Ältere Bäume fungieren als lebendige Knotenpunkte, die mit anderen verknüpft sind: mit Bodendeckern, mit Setzlingen verschiedener Arten und auch mit ausgewachsenen Nachbarbäumen. »Mutterbäume sind der Leim, der den Wald zusammenhält«, sagt Simard. Dank ihrer Forschung wissen wir, dass ein Wald keineswegs eine Ansammlung isolierter Individuen ist, sondern ein lebendiges Netzwerk. ■

Neue Forschungsergebnisse zeigen, dass Bäume sich über das Mykorrhiza-Netzwerk der Pilze im Waldboden Botschaften übermitteln können – so wie vielleicht diese Birken hier in Michigan, USA.

Artenvielfalt braucht Artenvielfalt

Man kann den Wald nicht sehen, wenn man nur einzelne Bäume betrachtet. Von Mikroben, Flechten und Farnen bis hin zu Fröschen, Affen und Lemuren – ein Wald ist die Gesamtheit aller Lebewesen in ihm. Es gibt unzählige Verflechtungen und Beziehungen, und der gesamte Wald mit all seiner Artenvielfalt ist wichtig für die Gesundheit unseres Planeten – und damit auch für das Leben und die Gesundheit von uns Menschen, ganz gleich, wo auf der Welt wir leben.

Der Amazonas-Regenwald beispielsweise beherbergt Millionen von Pflanzen- und Tierarten. Schätzungen beginnen bei drei Millionen bis weit darüber. Da sind zunächst die großen, charismatischen Tiere, darunter mehr als 400 Säugetierarten: Affe, Jaguar, Puma, Wasserschwein, Kinkaju, Ameisenbär und Flusssäugetiere wie Fischotter oder Amazonasdelfin. Aber auch rund 1500 Vogelarten, darunter Tukane, Aras und Papageien, leben oder überwintern hier. Es gibt bis zu tausend Amphibienarten, vor allem Frösche, und Hunderte von Reptilienarten – Leguane, Schlangen, Eidechsen und andere. Und Insekten zuhauf! Sie alle zu zählen, ist schier unmöglich, ihre Zahl geht wohl in die Hunderttausende, wenn nicht gar in die Millionen! Zudem gibt es im Amazonasgebiet Zehntausende verschiedener Pflanzenarten: Pilze, Moose, Sträucher, Bäume (mit schätzungsweise 16 000 Arten) samt Aufsitzerpflanzen und Ranklianen. Allein von Orchideen könnte es Abertausende von Arten geben. Und die vielen Mikrobenarten, die zum Gedeihen des Regenwaldes maßgeblich beitragen, wurden noch nicht einmal ansatzweise erfasst.

Im Rio Canandé Reserve, einem geschützten Gebiet im ecuadorianischen Chocó-Regenwald, gedeihen neben Frosch, Liane, Moos und Baum noch unzählige andere Lebensformen.

Die biologische Vielfalt im Regenwald ist ein dicht verwobenes Netz des Lebens, in dem alles miteinander verbunden ist, jede Pflanze, jedes Tier. Betrachten wir nur einen kleinen Ausschnitt darin – zum Beispiel den Paranussbaum, der auf die Orchideenbienen (Prachtbienen) angewiesen ist, die seine Blüten bestäuben, sowie auf die Agutis, eine Nagetiergattung, die seine steinharten Fruchtkapseln knacken und seine Samen verteilen –, so wird uns klar, dass wir dieses Zusammenspiel in einem millionenfach vergrößerten Rahmen sehen müssten, um die Komplexität dieser Welt überhaupt nur in Ansätzen zu erfassen. Fehlt nur eines der Elemente, sind die Lebenskreisläufe gestört, und die Artenvielfalt schrumpft rasant.

Dies gilt generell für den Wald – von der Taiga in der Mongolei bis zum tropischen Buschland in Nordaustralien, von den Mangroven an den Küsten der Bahamas bis zu den tropischen Trockenwäldern auf Madagaskar. Wenn ein Wald abgeholzt wird, um Holz zu gewinnen, Vieh zu weiden oder eine Monokultur anzulegen, verschwinden nicht nur die Bäume.

Oder positiv formuliert: Wer den Wald respektiert, trägt zum Erhalt des großen Ganzen bei. Schutz und Erhalt unseres Planeten liegen in der biologischen Vielfalt. ■

Ein Nördlicher Fleckenkauz gleitet durch einen uralten Küstenmammutwald. Die Beringung zeigt an, dass Forscher sein Verhalten untersuchen.

Die Rechte der Wälder

Für das Volk der Djab Wurrung im Südosten Australiens tragen bestimmte Bäume ein tiefes und bedeutungsvolles Erbe. So gibt es »Bäume der Weisung«, die Rat geben und als Gebetsstätten dienen, um Eingebungen von Ahnen zu erhalten. Oder »Geburtsbäume«, in deren Schutz die Frauen über Jahrhunderte ihre Kinder gebaren. Einer von ihnen soll stolze 800 Jahre alt sein.

Doch für eine Verbindungsstraße von Melbourne nach Adelaide planen Bauentwickler eine Straße quer durch die Region, in der einige dieser wertvollen Bäume stehen. Die Djab Wurrung wehren sich jedoch und haben sich zusammen mit vielen anderen weltweit einer Bewegung angeschlossen, die sich »Neuer Animismus« nennt. Es ist eine Natur-Rechts-Philosophie des 21. Jahrhunderts, die natürlichen Entitäten Persönlichkeitsrechte zuspricht und sich dem Schutz von Seen, Flüssen, Wäldern und Bäumen verschrieben hat.

Die Leitlinien der Bewegung wurden in den frühen 1970er-Jahren formuliert, mit der Bekanntgabe von Plänen zum Bau eines Unterhaltungszentrums im Mineral King Valley, einem Gebiet im kalifornischen Sequoia National Park. Die US-Naturschutzorganisation Sierra Club klagte dagegen, und der Fall ging durch alle Instanzen bis zum Obersten Gerichtshof der USA. In einer Mehrheitsentscheidung hieß es, der Sierra Club habe keine Beweise für personenbezogene Schäden vorgelegt. Richter William O. Douglas hingegen sprach sich für die Minderheit aus und argumentierte, dass das Tal selbst geschützt werden müsse – ein Konzept, das

Ein »Baum der Weisung«, hochverehrt vom australischen Volk der Djab Wurrung, die hier der Weisheit von Jahrhunderten lauschen.

»Der Wald kann uns heilen und neu beleben. Also wahren und schützen wir ihn!«

DR. QING LI,
Forest Bathing

Juraprofessor Christopher D. Stone von der University of Southern California damals in einem richtungweisenden und bis heute viel zitierten Dokument mit dem Titel »Should Trees Have Standing?« beschrieb.

Seitdem hat die Bewegung weiter Fahrt aufgenommen. In den 1990er-Jahren klagten 43 Kinder auf den Philippinen ihre Landesregierung wegen geplanter Großprojekte zur Abholzung weiter Waldgebiete an. Den Wäldern des Landes Schaden zuzufügen, so der Anwalt der Kinder, Antonio Oposa, sei ein Affront gegen das Recht künftiger Generationen auf eine gesunde Umwelt. Der Fall wurde in den unteren Instanzen genauso entschie-

Die Gesetze weltweit ändern sich und stellen Naturwunder wie diesen Eukalyptusbaum in Australien unter Schutz.

den wie der ähnliche Fall in Kalifornien, schlussendlich aber entschied der Oberste Gerichtshof in Manila zugunsten der Kinder und stützte ihr Recht auf Schutz ihrer Umwelt – ein Urteil (heute bekannt als »Oposa-Doctrine«), das erstmals die Natur als Rechtssubjekt anerkannte und auf Rechtsprechungen weltweit Einfluss nahm.

Im Jahr 2014 sprach Neuseeland einem Nationalpark Persönlichkeitsrechte zu, 2017 auch einem Fluss. Im Zuge dessen forderten Naturschützer in Indien rechtlichen Schutz für die Flüsse Ganges und Yamuna und letztlich für ausnahmslos alle natürlichen Entitäten des Himalaya-Gebirges – Berge, Gletscher, Flüsse, Bäche, Seen, Wälder und Bäume.

Eine Gruppe von 25 Kindern in Kolumbien folgte dem Beispiel ihrer Altersgenossen auf den Philippinen und erhob Klage zum Schutz der Amazonas-Regenwälder. Der Oberste Gerichtshof des Landes hat inzwischen bestätigt, dass er »das kolumbianische Amazonasgebiet als eine natürliche Entität« anerkennen werde, deren Rechte gewahrt werden müssen, und dass er fortan daran arbeiten werde, dem kommerziellen Holzeinschlag ein Ende zu setzen.

Hat der Wald einen Rechtsanspruch? Diese Frage kam in den 1970er-Jahren völlig überraschend auf. In den vergangenen fünf Dekaden jedoch haben Bewusstheit und Sensibilität für weltweite Bedrohungen und Zerstörungen der Natur und Umwelt merklich zugenommen – ebenso wie die Erkenntnis, dass wir alle eine gemeinsame Verantwortung für unseren Planeten tragen. Immer mehr Juristen rund um den Globus beantworten diese Frage mittlerweile mit einem klaren Ja! ■

Heute schützen Gesetze die natürlichen Entitäten des Himalaya im indischen Gangotri, so auch diesen Fluss aus dem Gangotri-Gletscher, der heiligen Quelle des mächtigen Ganges.

Aufforstungen rund um die Welt

Traurige Geschichten über nackte, gerodete Landschaften ohne Baum und Strauch ziehen sich durch die Geschichte der Menschheit. Heute gibt es auf der ganzen Erde rund drei Billionen Bäume – doch Schätzungen gehen davon aus, dass es einmal fast doppelt so viele waren. Eine Studie der Yale University ergab, dass jedes Jahr etwa 15 Milliarden Bäume der Abholzung zum Opfer fallen. »Der Mensch konkurriert unmittelbar mit den natürlichen Waldökosystemen um Raum«, wie Forscher sagen. Doch dieser Trend ändert sich gerade. Menschen überall auf dem Globus schicken sich an, Bäume in großer Zahl zu pflanzen, was die Gesamtsituation tatsächlich zum Besseren wenden könnte.

Zunächst reagierte man auf örtlich-regionaler Ebene. Nach der Tsunami-Katastrophe im Dezember 2004, die in Indonesien ganze Küstenregionen verwüstete, begannen die Einheimischen, die Feuchtgebiete wieder aufzuforsten. Rund 70 Dörfer machten mit, pflanzten entlang der Küsten zwei Millionen Setzlinge – Mangroven und andere Arten. Im Jahr 2014 startete Pakistan das landesweite Billion Tree Tsunami Project, mit dem ehrgeizigen Ziel eine Milliarde Bäume zu pflanzen, was bereits im August 2017 erreicht war, weit vor dem eigentlichen Zeitplan. 2019 wurde eine neue Zielmarke gesetzt: Zehn Milliarden neue Bäume. In Äthiopien forderte der Premierminister sein Volk auf, 200 Millionen Bäume an einem Tag zu pflanzen. Und China begeht alljährlich am 12. März den Nationalen Baumpflanztag mit dem Ziel, bis 2050 eine Fläche von 35 000 Quadratkilometern mit neuen Bäumen bepflanzt zu haben.

Nahe der Badain-Jaran-Wüste in China pflanzen Freiwillige zum alljährlichen Baumpflanztag, dem 12. März, unzählige Bäume (wie hier 2021, dem 43. Jahrestag).

Die weltweiten Anstrengungen begannen sich zu bündeln, als die Staaten sich 2015 dem Übereinkommen von Paris verpflichteten, um der globalen Erwärmung entgegenzuwirken. Einige Länder, wie Costa Rica, führten strengere Waldschutzmaßnahmen ein, andere forsteten weiterhin auf. 2020 haben in Indien mehr als zwei Millionen Menschen an nur einem Tag 250 Millionen Bäume gepflanzt. 2021 verpflichtete sich das Vereinigte Königreich, sein Aufforstungsziel zu verdreifachen.

Auch internationale Non-Profit-Organisationen engagieren sich für die Sache. 2011 trat Deutschland der Weltnaturschutzorganisation International Union for Conservation of Nature (IUCN) bei. Und BirdLife, die Wildlife Conservation Society sowie der World Wildlife Fund haben die Billion Tree Campaign initiiert mit dem Ziel, bis zum Jahr 2030 weltweit 1000 Milliarden Bäume zu pflanzen.

Aufforstung ist aber nicht die simple Lösung, für die man sie halten könnte. Auswahl und Vielfalt der Arten, die Notwendigkeit langfristiger Pflege und auch die Unwägbarkeiten von Klima und Wetter stellen enorme Herausforderungen dar. Doch Menschen in aller Welt investieren viel Zeit, Geld und Mühe in diese Aufgabe, im festen Glauben und Vertrauen darauf, dass mehr Bäume eine bessere Zukunft verheißen. ■

Im Doddington North Moor in Northumberland schlagen im Rahmen eines der größten Aufforstungsprojekte Großbritanniens junge Erlen Wurzeln.

Die Botschaft des Waldes

Die Augen zu schließen und sich mit der Kraft des Waldes zu verbinden, das geht immer und überall, auch wenn man gerade nicht unter hohen Bäumen steht. Man kann sie spüren, diese uralte Präsenz, rundherum. Der Wald, jeder Wald, egal welcher, lebt in der menschlichen Vorstellung seit Jahrtausenden. Wir fühlen uns winzig im Wald, umgeben von stämmigen Riesen, die sich der Sonne entgegenrecken. Ihre Wurzeln reichen tief, winden sich hierhin und dorthin, ins Erdreich, vorbei an Steinen und den Wurzeln benachbarter Bäume. Unter unseren Füßen liegt eine unsichtbare Welt. Lebenskraft strömt empor, fließt die alten Stämme hinauf und weiter in die Äste, nährt Zweige und Blätter, die dem weiten Himmel entgegenstreben. Die Luft ist frisch und sauber. Das Licht funkelt im Blättermeer. Ein Eichhörnchen hüpft von Ast zu Ast. Ein Specht klopft seinen perfekten Takt. Das Laub auf einem weichen Waldweg federt unsere Schritte ab; ein Zweig knarzt. Der Duft von Humus und waldiger Erde nach einem Regenguss betört die Nase.

Der Wald kennt genau die Elemente der Natur: Erde, Wasser, Luft und Feuer. Er konnte seit Jahrtausenden sogar Extreme überstehen. Aber wird er es auch künftig noch können?

Der Wald schenkt uns so viel: Schatten und Trost, Früchte und Nüsse in Hülle und Fülle. Schönheit, Stille, Harmonie. Wege hinaus aus Stress und Depression. Lektionen in Sachen Geschichte, Philosophie und Naturwissenschaft. Hier, in friedvoller Stille finden wir ihn wieder, den Sinn des Lebens, der uns im geschäftigen Alltag oft abhandenkommt.

In den dänischen Wäldern von Kalø drehen und winden sich eindrucksvolle Buchen.

So wie wir nehmen, so sollten wir auch geben. Seit Jahrtausenden profitieren wir Menschen vom Wald, sammeln in ihm Nahrung und Feuerholz, Material zum Anfertigen von Werkzeugen oder zum Bauen. Nun aber laufen wir Gefahr, zu viel zu entnehmen. Unsere Wälder können sich nicht unendlich selbst regenerieren. Indem wir die Komplexität, die Zusammenhänge und das wunderbare Leben eines jeden Baumes in jedem Wald werten und achten, lernen wir, der Welt der Natur mit der tief empfundenen Wertschätzung zu begegnen, die ihr gebührt.

Willkommen im Wald. In einer Welt, die lange vor uns schon da war. Hier sind die Vielen eins, und das große Ganze besteht aus Vielen. Leben und Tod, Wachstum und Verfall. Einatmen. Ausatmen. Der Wald spricht. Lauschen wir ihm! ■

GEGENÜBER: Wasserfälle stürzen in die Tiefe und speisen einen Bach im Geschichtspark Kamphaeng Phet in Thailand.

OBEN: Eine reifende Magnolien-Frucht, ein Kunstwerk detailreicher Symmetrie.

BERÜHMTE BÄUME

DER BAUM DER ERLEUCHTUNG

Im 6. Jahrhundert v. Chr., so heißt es, führte die Suche nach dem Sinn des Daseins den jungen Prinzen Siddhārtha Gautama zum Ufer des Phalgu, eines Nebenflusses des Ganges im Nordosten Indiens. Dort saß er, gegen den Stamm eines ausladenden Feigenbaumes (*Ficus religiosa*) gelehnt, erlangte Erleuchtung (*Bodhi* im Sanskrit) und wurde zum Buddha.

Noch heute wächst an dieser Stelle ein Baum – für Buddhisten eine Pilgerstätte – und lockt Besucher aus aller Welt an, mehr als eine Million jedes Jahr. Er steht im Mittelpunkt einer Tempelanlage, ringsum steinerne Altäre, Geländer, Plätze, überragt vom prächtigen Mahabodhi-Tempel. Seine Innenräume sind mit Figuren ausgestattet, die den sitzenden Buddha zeigen.

Der »Bodhi-Baum« hatte viel zu erdulden und gilt doch als Symbol der Kraft und Beständigkeit. Schon im 2. Jahrhundert v. Chr. wurde er zerstört, neu gepflanzt und wieder zerstört. Verehrt wurde er auch von König Ashoka, der im 3. Jahrhundert v. Chr. über Nordindien herrschte und zum Buddhismus konvertierte. Seine Tochter soll einen Zweig des ursprünglichen Baumes bis nach Sri Lanka gebracht haben. Der daraus gewachsene Ableger, der »Jaya Sri Maha Bodhi«, steht bis heute und bildet das Herzstück eines weiteren buddhistischen Schreines, er gilt als der älteste von Menschenhand angepflanzte Baum. Nachdem der ursprüngliche »Bodhi-Baum« in Bodhgaya gefällt worden war, pflanzte man 1881 an der gleichen Stelle einen Ableger des »Jaya Sri Maha Bodhi«. Er gedieh und steht bis heute dort. Zunehmend heiße Temperaturen, umliegende Bauten und Anstürme von Pilgern, die sich trotz der Verbote darum reißen, ein Blatt des heiligen Baumes mit nach Hause zu nehmen, setzen dem »Bodhi-Baum« stark zu. 2002 wurde er aber zum UNESCO-Welterbe erklärt und unter Schutz gestellt. ■

GEGENÜBER: Zwei Mönche sitzen ehrfurchtsvoll unter einem Baum im indischen Bodhgaya, wo Buddha die Erleuchtung fand.

FOLGENDE DOPPELSEITE: Schon das Bild dieses Waldes im britischen Lancashire, durch den der Fluss Roddlesworth fließt, vermittelt ein Gefühl von Ruhe und Vollkommenheit.

Bildnachweis

Cover-Vorderseite, Max Foster; Cover-Rückseite, Nikada/ Getty Images; 2–3, Inigo Cia/Getty Images; 4–5, Max Foster; 6, DTG Photography/Alamy Stock Photo; 14–15, Sjo/Getty Images; 16, Max Foster; 18, Dima Moroz/ Shutterstock; 18–19, Sue Whiteman/Getty Images; 20, Geraint Rowland Photography/Getty Images; 22–23, Dean Fikar/Getty Images; 24, Dirk Wiersma/Science Source; 26–27, Power and Syred/Science Source; 29, David Wall/ Alamy Stock Photo; 30–31, Greg Vaughn/Alamy Stock Photo; 32, Diane Cook und Len Jenshel/National Geographic Image Collection; 34–35, Michael Nichols/National Geographic Image Collection; 36, Greg Clure Photography; 38, Richard Jones/Science Source; 40–41, Patrick Aventurier/ Gamma–Rapho via Getty Images; 41, De Agostini Picture Library/Getty Images; 43, Michael Duff/Getty Images; 44–45, Photon–Photos/Getty Images; 46, PjrStudio/Alamy Stock Photo; 48, De Agostini Picture Library/Getty Images; 48–49, R. McKellar, Royal Saskatchewan Museum; 50, Power and Syred/Science Source; 52–53, Baac3nes/Getty Images; 54, Jatuporn Chainiramitkul/Shutterstock; 55, De Agostini Picture Library/Getty Images; 56, Richard Newstead/Getty Images; 58–59, Robert Llewellyn; 60, Thomas Winz/Getty Images; 62–63, Diptendu Dutta/AFP via Getty Images; 63, Richard Nazaretyan/Getty Images; 64, Supawit Srethbhakdi/Shutterstock; 66, Sven Zacek/Nature Picture Library/Alamy Stock Photo; 68–69, Neil Burnell; 70, Daniel J Barr/Getty Images; 73, Diane Cook und Len Jenshel/National Geographic Missions Program; 76–77, Artur Bogacki/ Alamy Stock Photo; 78, Southern Lightscapes-Australia/Getty Images; 80–81, Johner Images/Getty Images; 82, David Scharf/Science Source; 84–85, Phil Degginger/Animals Animals/agefotostock; 86, Emmanuel Lattes/Alamy Stock Photo; 88, S. E. Cornelius/Science Source; 90–91, prill/Getty Images; 92, Dennis Frates/Alamy Stock Photo; 94–95, Gary Kavanagh/Getty Images; 97, Oleksiy Maksymenko Photography/Alamy Stock Photo; 98, Daniel Viñé Garcia/Getty Images; 100–101, blickwinkel/R. Bala/ Alamy Stock Photo; 103, Pete Oxford/Nature Picture Library/Alamy Stock Photo; 104–105, Kevin Schafer/Minden Pictures; 106, Paul & Paveena Mckenzie/Getty Images; 108–109, zstockphotos/Getty Images; 110, Kim Jay Photography/Stocksy; 112–113, Robert Llewellyn; 114, Bill Swindaman/Getty Images; 116–117, Pete Oxford/Minden Pictures; 118, Max Foster; 120–121, Jack Dykinga/NPL/Minden Pictures; 121, AlasdairJames/Getty Images; 122, Roberto Moiola/ robertharding; 124–125, fotopanorama360/Shutterstock; 126, ITAR–TASS News Agency/Alamy Stock Photo; 127, Natural History Museum, London/Alamy Stock Photo; 129, Avalon/Wolfgang Kaehler/Universal Images Group via Getty Images; 132–133, David Chrastek/Alamy Stock Photo; 134, Morley Read/Alamy Stock Photo; 136–137, D. Kucharski K. Kucharska/Shutterstock; 138, Jerry und Marcy Monkman/EcoPhotography/Alamy Stock Photo; 140–141, Nick Beer/Shutterstock; 142, Brian Skerry/National Geographic Image Collection; 144–145, Ketkarn Sakultap/Getty Images; 146, Avalon.red/Alamy Stock Photo; 148, © Arno Gasteiger, 2021; 150–151, Arnaud De Grave/Le Pictorium/Alamy Stock Photo; 153, Nazar Abbas Photography/Getty Images; 154–

155, Robert Llewellyn; 156, Robert Nickelsberg/Getty Images; 158–159, Victor R Caivano/AP/Shutterstock; 160, FB-Schulz/imageBROKER/Alamy Stock Photo; 162–163, Andres M. Dominguez/Nature Picture Library/Alamy Stock Photo; 164, Andy Rouse/Nature Picture Library/Alamy Stock Photo; 166–167, Konrad Wothe/Nature Picture Library/Alamy Stock Photo; 168, Sabena Jane Blackbird/Alamy Stock Photo; 170, Micheline Pelletier/Corbis via Getty Images; 172–173, Wendy Stone/Corbis via Getty Images; 175, Clint Farlinger/Alamy Stock Photo; 176, Jane Tregelles/Alamy Stock Photo; 178–179, Radu Bercan/Shutterstock; 180, Tuul & Bruno Morandi/Getty Images; 182–183, Patrick J. Endres/Getty Images; 185, Diane Cook und Len Jenshel/National Geographic Missions Program; 188–189, Guy Edwardes/NPL/Minden Pictures; 190, Duncan George/Getty Images; 192–193, Atthasit Yiphep/EyeEm/Getty Images; 194, Hatcher2001/Getty Images; 196–197, Ian Shaw/Alamy Stock Photo; 199, Bkamprath/Getty Images; 200, Dag Peak; 202–203, Gerd Ludwig/National Geographic Image Collection; 204, Neal Wilson/Getty Images; 206–207, zanskar/Getty Images; 208, Ricardo Lima/Getty Images; 210–211, Christian Ziegler/Danita Delimont, Agent/Alamy Stock Photo; 213, Chris Griffiths/Getty Images; 214–215, Wale Oseni/Getty Images; 216, Nick Pecker/Shutterstock; 218–219, Sen Li/Getty Images; 220, blickwinkel/Teigler/Alamy Stock Photo; 222, empire331/Getty Images; 224–225, Alexey Stiop/Shutterstock; 226, Matt Anderson Photography/Getty Images; 228–229, Ed Callaert/Alamy Stock Photo; 230, Fine Art Images/Heritage Images/Getty Images; 231, DEA/A. Dagli Orti/Getty Images; 232, Cyril Ruoso/Nature Picture Library/Alamy Stock Photo; 234–235, Robert Winkler/Getty Images; 236, Sandra Standbridge/Getty Images; 238, Mark Thiessen, NGP; 240, Pamela Joe McFarlane/Getty Images; 242–243, Alan Majchrowicz/Getty Images; 245, Paolo Woods/National Geographic Image Collection; 248–249, Bradley van der Westhuizen/Alamy Stock Photo; 250, Karen H. Black/Getty Images; 252–253, Carol Dembinsky/Dembinsky Photo Associates/Alamy Stock Photo; 254, Kiliii Yuyan; 256–257, Mark Thiessen, NGP; 258, Doug Gimesy/NPL/Minden Pictures; 260, Frans Lanting; 262–263, Jens Büttner/picture alliance via Getty Images; 265, Wim van den Heever/Nature Picture Library/Alamy Stock Photo; 267, Diane Cook und Len Jenshel/National Geographic Image Collection; 268–269, Xiaodong Qiu/Getty Images; 270, Jordan Siemens/Getty Images; 272–273, wmaster890/Getty Images; 274, Paula Cobleigh/Getty Images; 276–277, Gregory G. Dimijian, M.D./Science Source; 278, James Lange/Alamy Stock Photo; 280–281, Seth K. Hughes/Getty Images; 282, Richard Tullis/EyeEm/Getty Images; 284–285, Bill Gozansky/Alamy Stock Photo; 287, Patti McConville/Stockimo/Alamy Stock Photo; 290–291, Mekdet/Getty Images; 292, benedek/Getty Images; 294–295, Mark A Paulda/Getty Images; 296, Ingo Oeland/Alamy Stock Photo; 298–299, David Job/Design Pics Inc/Alamy Stock Photo; 301, Archershoots/Getty Images; 302, Mikel Bilbao/VW PICS/Universal Images Group via Getty Images; 304–305, Pierluigi Palazzi/Getty Images; 306, Hugo Goudswaard/Getty Images; 308–309, Miguel Navarro/Getty Images; 310, Liliya Rodnikova/Stocksy; 312–313, Steven Miley/Design Pics Inc; 314, David McNew/AFP via Getty Images; 316–317, Anna Gorin/Getty Images; 319, Diane Cook und Len Jenshel/National Geographic Missions Program; 320, Matauw/Shutterstock; 322–323, Gunter Marx/Alamy Stock Photo; 324, Steve Gettle/Minden Pictures; 326, Lucas Bustamante/NPL/Minden Pictures; 328–329, Michael Nichols/National Geographic Image Collection; 330, Sean Paris; 332–333, Sean Paris; 334, Pep Roig/Alamy Stock Photo; 336, Wang Jiang/VCG via Getty Images; 338–339, Dan Kitwood/Getty Images; 340, Mads Peter Iversen; 342–343, KDP/Getty Images; 343, Robert Llewellyn; 345, Anika Buessemeier/laif/Redux; 346–347, Walker/Alamy Stock Photo.

Über die Autorinnen

Susan Tyler Hitchcock ist Autorin und Redakteurin mit den Schwerpunkten Wissenschaft, Natur und Geschichte. Sie hat einen Doktortitel in Anglistik und ist Autorin von 13 Büchern, wie etwa *National Geographic – Die schönsten Landschaften unserer Erde*. Sie hat Texte für zahlreiche Fotobildbände verfasst und viele weitere Bücher herausgegeben, darunter auch Arten-Bestimmungsbücher, Atlanten sowie illustrierte Nachschlagewerke. Sie lebt in einem Bergwald bei Charlottesville in Virginia, USA.

Suzanne Simard ist Professorin für Waldökologie an der University of British Columbia und Autorin des internationalen Bestsellers *Die Weisheit der Wälder*. Als Pionierin in der Erforschung der Pflanzenkommunikation und -intelligenz hat sie mehr als 200 Fachpublikationen veröffentlicht, geprüft durch unabhängige Gutachter. Ihr TED-Talk »How Trees Talk to Each Other« vom Juli 2016 wurde fast fünf Millionen Mal geklickt. Sie lebt in Nelson, British Columbia, Kanada, inmitten temperierter Binnenregenwälder.

IMPRESSUM

Verantwortlich: Susanne Caesar, Claudia Hohdorf
Übersetzung aus dem Amerikanischen: Gina Schneider
Lektorat und Satz: Christine Schnappinger
Umschlagadaption: Mathias Frisch
Herstellung: Bettina Schippel
Printed in Turkey by Elma Basim

★★★★★

Sind Sie mit diesem Titel zufrieden? Dann würden wir uns über Ihre Weiterempfehlung freuen. Erzählen Sie es im Freundeskreis, berichten Sie Ihrem Buchhändler oder bewerten Sie bei Onlinekauf. Und wenn Sie Kritik, Korrekturen, Aktualisierungen haben, freuen wir uns über Ihre Nachricht an National Geographic Buchverlag GmbH, Postfach 40 02 09, D-80702 München oder per E-Mail an lektorat@verlagshaus.de.

In diesem Buch wird aus Gründen der besseren Lesbarkeit das generische Maskulinum verwendet. Weibliche und andere Geschlechteridentitäten werden dabei ausdrücklich mitgemeint, soweit es für die Aussage erforderlich ist.

Die Deutsche Nationalbibliothek verzeichnet diese Publikation in der Deutschen Nationalbibliografie; detaillierte bibliografische Daten sind im Internet über http://dnb.d-nb.de abrufbar.

Alle Angaben in diesem Buch wurden zum Zeitpunkt der Erarbeitung sorgfältig geprüft. Dennoch können sich Details ändern. Der Verlag kann für solche Änderungen, eventuelle Fehler oder Auslassungen keine Verantwortung oder Haftung übernehmen. Bewertungen von Sehenswürdigkeiten etc. geben die Sicht der Autoren wieder. Unter www.auswaertiges-amt.de finden Sie aktuelle Reiseinformationen sowie Hinweise zur Sicherheitslage in einzelnen Staaten. Mitunter spricht das Auswärtige Amt auch Reisewarnungen aus, wenn bei Reisen in ein Land oder in eine Region eines Landes akute Gefahren für Leib und Leben bestehen. Bitte informieren Sie sich rechtzeitig vor Abreise bei infrage kommenden Ländern.

Unser komplettes Programm finden Sie unter

www.nationalgeographic-buch.de

Titel der amerikanischen Originalausgabe: *Into the Forest*

Deutsche Ausgabe veröffentlicht in der Bruckmann Verlag GmbH, Infanteriestr. 11a, 80797 München.
Lizenznehmer von National Geographic Partners, LLC

This edition is published by Bruckmann Verlag GmbH through licensing agreement with National Geographic Partners, LLC.

ISBN 978-3-98701-059-0

Seit ihrer Gründung 1888 hat sich die National Geographic Society weltweit an mehr als 14 000 Expeditionen, Forschungs- und Schutzprojekten beteiligt. Die Gesellschaft erhält Fördermittel von National Geographic Partners LLC, unterstützt unter anderem durch Ihren Kauf. Ein Teil der Einnahmen dieses Buches hilft uns bei der lebenswichtigen Arbeit zur Bewahrung unserer Welt. Das legendäre NATIONAL GEOGRAPHIC-Magazin erscheint monatlich. Darin veröffentlichen namhafte Fotografen ihre Bilder und renommierte Autoren berichten aus nahezu allen Wissensgebieten der Welt. National Geographic im TV ist ein Premium Dokumentations-Sender, der ein informatives und unterhaltsames Programm rund um die Themen Wissenschaft, Technik, Geschichte und Weltkulturen bereithält. Falls Sie mehr über National Geographic wissen wollen, besuchen Sie unsere Website unter **www.nationalgeographic.de.**